Web

前端模块化开发教程

(ES6+Node.js+Webpack)

黑马程序员 ◉ 编著

人民邮电出版社

北 京

图书在版编目（CIP）数据

Web前端模块化开发教程：ES6+Node.js+Webpack /
黑马程序员编著. -- 北京：人民邮电出版社，2021.9
工业和信息化精品系列教材
ISBN 978-7-115-56462-7

Ⅰ. ①W… Ⅱ. ①黑… Ⅲ. ①网页制作工具—教材
Ⅳ. ①TP393.092.2

中国版本图书馆CIP数据核字(2021)第075182号

内 容 提 要

本书适合想具有 JavaScript 基础，想要学习 Web 前端模块化开发的具有 JavaScript 基础的人群读者使用，详细讲解了模块化开发涉及的 ES6、Node.js 和 Webpack 技术。

全本书共 8 章：第 1 章讲解 ES6 基础内容知识；第 2、3 章讲解 Node.js 模块化开发和服务器开发的相关内容；第 4 章讲解 Express 框架；第 5、6 章讲解 Ajax 相关知识；第 7 章讲解 Webpack 打包工具；第 8 章是项目实战——博客管理系统。

本书既可作为高等教育本、专科院校计算机相关专业的教材，也可作为 Web 前端开发爱好者的参考读物。

◆ 编　著　黑马程序员
　　责任编辑　范博涛
　　责任印制　马振武

◆ 人民邮电出版社出版发行　　北京市丰台区成寿寺路 11 号
　　邮编　100164　电子邮件　315@ptpress.com.cn
　　网址　https://www.ptpress.com.cn
　　北京市鑫霸印务有限公司印刷

◆ 开本：787×1092　1/16
　　印张：14.25　　　　　　　　2021 年 9 月第 1 版
　　字数：352 千字　　　　　　2025 年 1 月北京第 8 次印刷

定价：49.80 元

读者服务热线：**(010)81055256**　印装质量热线：**(010)81055316**
反盗版热线：**(010)81055315**
广告经营许可证：京东市监广登字 20170147 号

丛书编委会

（按姓氏笔画排序）

本书的创作单位——江苏传智播客教育科技股份有限公司（简称"传智教育"）作为第一个实现 A 股 IPO 上市的教育企业，是一家培养高精尖数字化专业人才的公司，公司主要培养人工智能、大数据、智能制造、软件、互联网、区块链、数据分析、网络营销、新媒体等领域的人才。公司成立以来紧随国家科技发展战略，在讲授内容方面始终专注于前沿先进技术，已向社会高科技企业输送数十万名技术人员，为企业数字化转型、升级提供了强有力的人才支撑。

公司的教师团队由一批拥有 10 年以上开发经验，且来自互联网企业或研究机构的 IT 精英组成，他们负责研究、开发教学模式和课程内容。公司具有完善的课程研发体系，一直走在整个行业的前列，在行业内树立了良好的口碑。公司在教育领域有 2 个子品牌：黑马程序员和院校邦。

一、黑马程序员——高端 IT 教育品牌

"黑马程序员"的学员多为大学毕业后想从事 IT 行业，但各方面条件还不成熟的年轻人。"黑马程序员"的学员筛选制度非常严格，包括了严格的技术测试、自学能力测试，还包括性格测试、压力测试、品德测试等。百里挑一的严格的筛选制度确保了学员质量，从而降低了企业的用人风险。

自"黑马程序员"成立以来，教学研发团队一直致力于打造精品课程资源，不断在产、学、研 3 个层面创新自己的执教理念与教学方法，并集中"黑马程序员"的优势力量，有针对性地出版了计算机系列教材百余种，制作教学视频数百套，发表各类技术文章数千篇。

二、院校邦——院校服务品牌

院校邦以"协万千名校育人、助天下英才圆梦"为核心理念，立足于中国职业教育改革，为高校提供健全的校企合作解决方案，包括原创教材、高校教辅平台、师资培训、院校公开课、实习实训、协同育人、专业共建、传智杯大赛等，形成了系统的高校合作模式。院校邦旨在帮助高校深化教学改革，实现高校人才培养与企业发展的合作共赢。

（一）为大学生提供的配套服务

1. 请同学们登录"高校学习平台"，免费获取海量学习资源。平台可以帮助高校学生解决各类学习问题。

高校学习平台

2. 针对高校学生在学习过程中的压力等问题，院校邦面向大学生量身打造了 IT 学习小助手——"邦小苑"，可提供教材配套学习资源。同学们快来关注"邦小苑"微信公众号。

"邦小苑"微信公众号

（二）为教师提供的配套服务

1. 院校邦为所有教材精心设计了"教案+授课资源+考试系统+题库+教学辅助案例"的系列教学资源。高校教师可登录"高校教辅平台"免费使用。

高校教辅平台

2. 针对高校教师在教学过程中存在的授课压力等问题，院校邦为教师打造了教学好帮手——"传智教育院校邦"，教师可添加"码大牛"老师微信/QQ（2011168841），或扫描下方二维码，获取最新的教学辅助资源。

"传智教育院校邦"微信公众号

三、意见与反馈

为了让教师和同学们有更好的教材使用体验，如有任何关于教材的意见或建议，请扫描下方二维码进行反馈，感谢您对我们工作的支持。

前　言

本书在编写的过程中，结合党的二十大精神进教材、进课堂、进头脑的要求，将知识教育与思想政治教育相结合，通过案例加深学生对知识的认识与理解，注重培养学生的创新精神、实践能力和社会责任感。案例设计从现实需求出发，激发学生的学习兴趣和动手思考的能力，充分发挥学生的主动性和积极性，增强学习信心和学习欲望。通过项目实战将所学内容全部串连起来，培养学生分析问题和解决问题的能力。在知识和案例中融入了素质教育的相关内容，引导学生树立正确的世界观、人生观和价值观，进一步提升学生的职业素养，落实德才兼备的高素质卓越工程师和高技能人才的培养要求。此外，编者依据书中的内容提供了线上学习资源，体现现代信息技术与教育教学的深度融合，进一步推动教育数字化发展。

随着移动互联网等新业务的不断发展壮大，海量的平台开发工作导致出现了巨大的人才缺口，尤其是web 前端开发领域。本书运用 ES6、Node.js 和 Mebpack 等技术进行 Web 前端模块化开发，其中 ES6 是 JavaScript 语言标准的新版本，它增加了新语法和新功能，这对于 web 前端开发人员来说至关重要；Nodle.js 是一种 JlavaScript 的运行环境，它使 JavaScript 可以用于编写服务器端程序，其优点是方便搭建、响应速度快、易于扩展等；webpack 是一个打包工具，它为前端的模块化开发提供了有力的支持。

◆ 为什么要学习本书

一个优秀的 web 前端开发人员需要具备综合能力才能胜任企业日益复杂的工作要求。学习 ES6、Node.js 和 Mebpack 技术，可以培养开发者解决复杂问题的能方。

◆ 如何使用本书

本书共 8 章，各章内容介绍如下。
- 第 1 章主要讲解 ES6 基础知识。通过本章的学习，读者可以对 ES6 有一个初步的认识。
- 第 2、3 章主要讲解 Node.js 模块化开发和服务器开发的相关内容。通过这两章的学习，读者可以使用 Node.js 编写自定义模块、创建 1web 服务器。
- 第 4 章主要讲解 Express 框架的内容。通过本章的学习，读者可以掌握 Express 框架的基本使用方法，能够使用 Express 框架快滤搭建 web 服务器。
- 第 5、6 章主要讲解 Ajax 的相关内容。通过这两章的学习，读者可以运用 Ajax 实现前后端的交互。
- 第 7 章主要讲解 Mebpack 打包工具的相关内容。通过本章的学习，读者能够使用 webpack 所提供的 loader 加载器，打包处理 sass、less 等文件。
- 第 8 章是项目实战——博客管理系统。本章带领读者开发一个真实项目，内容包括项目展示、功能介绍。通过本章的学习，读者能够掌握网站开发的真实流程和开发技巧，并可在项目中增加其他的模块，进一步完善网站的功能。

在学习过程中，读者一定要多动手练习，有不懂的地方，可以登录"高校学习平台"，通过平台中的教学视频进行深入学习。读者还可以在"高校学习平台"进行测试，巩固所学知识。另外，如果读者在学习过程中遇到困难，建议不要纠结，先往后学习。随着学习的不断深入，前面不懂的地方也就理解了。

◆ 致谢

本书的编写和整理工作由江苏传智播客教育科技股份有限公司完成，主要参与人员有韩冬、张辐丹等，全体人员在近一年的编写过程中付出了很多辛勤的汗水，在此一并表示衷心的感谢。

◆ 意见反馈

尽管我们付出了最大的努力，但书中难免有不妥之处，欢迎读者朋友提出宝贵意见，我们将不胜感激。来信请发送至电子邮箱 itcast_bock@vip.sina.com。

黑马程序员
2023 年 5 月于北京

目 录
CONTENTS

第1章

ES6基础

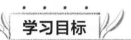
学习目标

★ 了解 ES6 的概念，能够对 ES6 有一个初步的认识

★ 掌握 let 和 const 关键字的使用，能够选择合适的关键字声明变量

★ 掌握解构赋值的使用，能够实现数组和对象的解构赋值

★ 掌握箭头函数的使用，能够正确使用 this 关键字

★ 掌握剩余参数的使用，能够正确获取剩余参数

★ 掌握扩展运算符的使用，能够实现数组合并，以及将伪数组转换为真正的数组

★ 掌握模板字符串的使用，能够实现变量解析、换行和调用函数等操作

★ 掌握 ES6 内置对象扩展的使用，能够实现数组和字符串的处理

★ 掌握 Set 数据结构和 Symbol 的基本使用，能够实现数据的操作

拓展阅读

ECMAScript 是由 ECMA 国际标准化组织制定的一项脚本语言的标准化规范，ES6 表示 ECMAScript 规范的第 6 版，它的正式名称为 ECMAScript 2015，这个版本中新增了很多实用的语法规范。近几年，ECMAScript 的更新速度很快，每年都会发布一个新版本。本章将详细讲解 ES6 常用的语法规范。

1.1　初识 ES6

ES6 的目标是使 JavaScript 语言可以适应更复杂的应用，实现代码库之间的共享，并迭代维护新版本，成为企业级开发语言。

相信大家对于 ECMAScript 和 JavaScript 语言会有一个疑惑，两者之间存在什么关系呢？简单来说，ECMAScript 是 JavaScript 语言的国际标准，JavaScript 是实现 ECMAScript 标准的脚本语言。

2011 年，ECMA 国际标准化组织在发布 ECMAScript 5.1 版本后，就开始着手制定第 6 版规范。但是，这个版本引入的语法功能太多，而且制定过程中，还有很多组织和个人不断提交新功能。很明显，在一个版本中不可能包含所有要引入的新功能，这些功能要被发布在不同的版本中，所以标准的制定者决定在每年的 6 月发布一次新标准，并且使用年份作为版本号。

下面列举 ECMAScript 各版本的发布时间，如表 1-1 所示。

表 1-1　ECMAScript 各版本的发布时间

发布时间	版本	简称
2015 年 6 月	ECMAScript 2015	ES6
2016 年 6 月	ECMAScript 2016	ES7
2017 年 6 月	ECMAScript 2017	ES8
2018 年 6 月	ECMAScript 2018	ES9
2019 年 6 月	ECMAScript 2019	ES10
2020 年 6 月	ECMAScript 2020	ES11

从表 1-1 可以看出，2015 年 6 月发布的 ECMAScript 2015 简称 ES6，2016 年 6 月发布的 ECMAScript 2016 简称 ES7。严格来说，ES6 是 ECMAScript 2015 的简称，不应用来表示 ECMAScript 2015 之后的版本，但许多资料习惯用 ES6 来泛指 ECMAScript 2015 及之后的新版本，本书所讲的 ES6 也加入了新版本的内容，并没有局限在 ECMAScript 2015 版本。ECMAScript 版本众多，且更新较快，对初学者来说，并不需要刻意区分每个版本的差别，只要掌握一些常用语法的使用即可。

每一次标准的诞生都意味着语言的完善和功能的加强。有经验的前端开发人员应该知道，虽然 JavaScript 语言已经诞生很多年了，但是 JavaScript 语言本身也有一些令人不满意的地方，例如变量提升特性增加了程序运行时的不可预测性，语法过于松散，不同的人可能会写出不同的代码来实现相同的功能。ES6 的出现，无疑给前端开发人员带来了新的惊喜，它包含了一些新特性，可以更加方便地实现很多复杂的操作，提高了开发人员的开发效率。

1.2　let 和 const 关键字

ES6 中新增了 let 和 const 关键字。其中，let 关键字用于声明变量，const 关键字用于声明常量。下面将详细讲解 let 和 const 关键字的特点和使用方法。

1.2.1　let 关键字

let 是 ES6 中新增的用于声明变量的关键字。在 ES6 之前，使用 var 关键字来声明变量。与 var 关键字相比，let 关键字有一些新的特性，下面针对这些新特性进行讲解。

1. let 关键字声明的变量只在所处的块级作用域有效

使用 let 关键字声明的变量具有块级作用域。块级作用域有以下两个作用：①防止代码块内层变量覆盖外层变量；②防止循环变量变成全局变量。为了让读者更好地理解，下面将详细讲解块级作用域这两个作用的使用场景。

（1）防止代码块内层变量覆盖外层变量，示例代码如下。

```
1  <script>
2    if (true) {
3      let a = 10;
4      console.log(a);   // 输出结果:10
5    }
6    console.log(a);     // 报错, a 未定义
7  </script>
```

上述代码中，第 3 行代码使用 let 关键字在 if 语句的大括号内声明了一个变量 a，此时 if 语句的大括号内就是变量 a 的块级作用域范围。第 4 行代码输出变量 a，结果为 10。第 6 行代码在 let 关键字所处的块级作用域之外输出变量 a，结果是浏览器会在控制台中报错，错误信息为 a is not defined（a 未定义）。这说明 let 关键字声明的变量只在所处的块级作用域内有效，也就是说变量 a 只能在 if 语句的大括号中被访问。

（2）防止循环变量变成全局变量，示例代码如下。

```
1  <script>
2    for (let i = 0; i < 2; i++) { }
3    console.log(i);// 报错, i 未定义
4  </script>
```

上述代码中，第 2 行代码在 for 循环的小括号中使用 let 关键字声明了变量 i，该变量是与 for 循环进行绑定的，只能在 for 循环的小括号内和大括号内访问。由于在 for 循环的外面是访问不到变量 i 的，所以第 3 行代码尝试输出变量 i 会报错，错误信息为 i is not defined（i 未定义）。

2. let 关键字声明的变量不存在变量提升

使用 JavaScript 中的 var 关键字声明变量时，变量可以先使用后声明，这种现象称为变量提升。但在其他大多数编程语言中，变量只有声明后才可以使用。var 关键字的变量提升很容易给开发人员带来困扰。在 ES6 中，变量的使用规范更加严格，使用 let 关键字声明的变量只能在声明之后才可以使用，否则就会报错。

下面通过代码演示 let 关键字声明的变量不存在变量提升的现象，示例代码如下。

```
1  <script>
2    console.log(a);// 报错, 无法在初始化之前访问 a
3    let a = 10;
4  </script>
```

上述代码中，第 2 行代码在使用变量 a 时，因为变量 a 没有被定义，所以变量 a 是不存在的，这时若是使用它，就会报错误信息 Cannot access 'a' before initialization（无法在初始化之前访问 a）。这表明使用 let 关键字声明的变量 a 不会发生变量提升。

3. let 关键字声明的变量具有暂时性死区特性

使用 let 关键字声明的变量具有暂时性死区特性。let 关键字声明的变量不存在变量提升，其作用域都是块级作用域，在块级作用域内使用 let 关键字声明的变量会被整体绑定在这个块级作用域中形成封闭区域，不再受外部代码影响，这种特性就称为"暂时性死区"。

下面通过代码演示 let 关键字声明的变量的暂时性死区特性，示例代码如下。

```
1  <script>
2    var num = 10;
3    if (true) {
4      console.log(num); // 报错，无法在初始化之前访问 num
5      let num = 20;
6    }
7  </script>
```

上述代码中，第 2 行代码在全局作用域下使用 var 关键字声明了一个变量 num，赋值为 10；第 5 行代码在 if 语句的大括号内使用 let 关键字声明了相同名字的变量 num，这两个变量之间是毫无关系的。根据 let 关键字暂时性死区的特性，第 4 行代码在声明变量 num 前使用变量 num 会出错。上述代码执行后，在浏览器控制台会看到 Cannot access 'num' before initialization（无法在初始化之前访问 num）的错误信息。

1.2.2　const 关键字

const 是 ES6 中新增的用于声明常量的关键字，所谓常量就是值（内存地址）不能变化的量。使用 const 关键字声明的常量具有 3 个特点，下面分别进行讲解。

1. const 关键字声明的常量具有块级作用域

const 关键字声明的常量具有块级作用域，const 关键字的作用域与 let 关键字的作用域相同，其声明的量只在声明所处的块级作用域有效。

下面通过代码演示 const 关键字声明的常量的块级作用域效果，示例代码如下。

```
1  <script>
2    if (true) {
3      const a = 10;
4      console.log(a);   // 输出结果:10
5    }
6    console.log(a);     // 报错，a 未定义
7  </script>
```

上述代码中，第 3 行代码在 if 语句块中使用 const 关键字声明了一个常量 a 并赋值为 10；第 4 行代码输出常量 a 的值，结果为 10；第 6 行代码在 if 语句块外部输出常量 a，结果会报错。这说明使用 const 关键字声明的常量只在所处的块级作用域内有效，也就是说常量 a 只能在 if 语句块中被访问。

2. const 关键字声明常量时必须赋值

const 关键字声明的是一个只读常量。常量一旦声明，值就不能改变。这意味着 const 关键字

在声明常量时必须给常量赋初始化值，否则就会报错。

下面通过代码演示 const 关键字声明常量时不赋值的情况，示例代码如下。

```
1  <script>
2    const PI;  // 报错，常量 PI 未赋值
3  </script>
```

上述代码中，第 2 行代码使用 const 关键字声明了一个常量 PI，但是没有给这个常量赋值，因此在程序运行时会报错。

3. const 关键字声明常量并赋值后常量的值不能修改

使用 const 关键字声明常量，常量的值对应的内存地址不可更改，使用场景如下。

（1）对于基本数据类型（如数值、字符串），一旦赋值，值就不可修改，示例代码如下。

```
1  <script>
2    const PI = 3.14;
3    PI = 100;  // 报错，无法对常量赋值
4  </script>
```

上述代码中，第 2 行代码使用 const 关键字声明了一个常量 PI，并给常量赋值为 3.14。然后执行下一条语句，重新给 PI 赋值为 100 时，程序在运行时会报错。

（2）对于复杂数据类型（如数组、对象），虽然不能重新赋值，但是可以更改内部的值，示例代码如下。

```
1  <script>
2    const ary = [100, 200];
3    ary[0] = 'a';
4    ary[1] = 'b';
5    console.log(ary); // 可以更改数组内部的值，结果为['a', 'b']
6    ary = ['a', 'b']; // 报错，无法对常量赋值
7  </script>
```

上述代码中，第 2 行代码使用 const 关键字声明了一个 ary 数组，数组中有 2 个值分别为 100 和 200。然后在第 3 行、第 4 行代码中，通过数组下标的形式找到对应的值，并更改值，此时值是可以更改成功，因为这个操作并没有更改 ary 数组在内存中的存储地址。下面在第 6 行代码中给 ary 这个常量重新赋值，所赋的值是一个新数组，这是不被允许的，因为此操作改变了 ary 常量在内存中的存储地址，所以输出结果会报错。

1.2.3　let、const、var 关键字之间的区别

通过前面的学习，了解了 ES6 中新增的 let 关键字和 const 关键字的特点。那么 JavaScript 中的 let 关键字和 const 关键字与以前经常使用的 var 关键字有什么区别呢？下面将从 3 个方面帮助读者更好地理解它们。

1. 变量的作用域范围不同

使用 var 关键字声明的变量，其作用域为该语句所在的函数内，且存在变量提升现象。例如，在 if 语句中声明的变量，在 if 语句外部也可以访问到。

使用 let 关键字声明的变量和使用 const 关键字声明的常量都具有块级作用域。如果在语句块中声明，只能在语句块中访问它们，而不能在语句块外部访问它们。

2. 变量提升

使用 var 关键字声明的变量存在变量提升，可以先使用再声明。使用 let 关键字声明的变量和使用 const 关键字声明的常量不存在变量提升，并且它们的语法更严格，只能先声明再使用。

3. 值是否可以更改

使用 var 关键字和 let 关键字声明的变量可以更改变量的值，但使用 const 关键字声明的常量不能更改常量值对应的内存地址。

在编写程序的过程中，如果要存储的数据不需要更改，建议使用 const 关键字，如函数的定义、π 值或数学公式中一些恒定不变的值。由于使用 const 关键字声明的常量，其值不能更改，且 JavaScript 解析引擎不需要实时监控其值的变化，所以使用 const 关键字要比 let 关键字效率更高。

1.3　解构赋值

解构表示对数据结构进行分解，赋值是指将某一数值赋给变量的过程。在 ES6 中，允许按照一一对应的方式，从数组或对象中提取值，然后将提取出来的值赋给变量。解构赋值的优点是它可以让编写的代码简洁易读，语义更加清晰，并且可以方便地从数组或对象中提取值。下面将分别讲解数组和对象的解构赋值。

1.3.1　数组的解构赋值

数组的解构赋值就是将数组中的值提取出来，然后赋值给另外的变量。

下面是数组解构赋值的基本形式，即变量的数量和数组中值的数量相一致，示例代码如下。

```
1  <script>
2    let [a, b, c] = [1, 2, 3];
3    console.log(a);// 输出结果:1
4    console.log(b);// 输出结果:2
5    console.log(c);// 输出结果:3
6  </script>
```

上述代码中，第 2 行代码中等号的右边是数组，数组中有 3 个值，分别是 1、2、3。等号左边的中括号不是数组，它代表解构，而中括号中写的是变量的名字，分别为 a、b、c。等号左边中括号里的变量与等号右边数组中的值实际上是一一对应的关系，即变量 a 的值是 1，变量 b 的值是 2，变量 c 的值是 3。等号左边中括号前面的 let 关键字表示中括号内的变量是使用 let 关键字声明的。

如果变量的数量和数组中值的数量不一致，那么变量的值就等于 undefined，也就是解构不成功，示例代码如下。

```
1  <script>
```

```
2     let [a, b, c, d] = [1, 2, 3];
3     console.log(a);// 输出结果:1
4     console.log(b);// 输出结果:2
5     console.log(c);// 输出结果:3
6     console.log(d);// 输出结果:undefined
7   </script>
```

上述代码中，第 2 行代码等号左边的中括号内的变量 d 在右边数组中没有与之对应的值，因此这个变量的值就为 undefined。

1.3.2　对象的解构赋值

对象解构允许使用变量的名字匹配对象的属性，如果匹配成功就将对象中属性的值赋给变量。

下面演示对象解构赋值的基本形式。等号左边的大括号中写的是变量的名字，等号右边要写具体被解构的对象，示例代码如下。

```
1   <script>
2     let person = { name: 'zhangsan', age: 20 };
3     let { name, age } = person;        // 解构赋值
4     console.log(name);                 // 输出结果:zhangsan
5     console.log(age);                  // 输出结果:20
6   </script>
```

上述代码中，第 2 行代码使用 let 关键字声明了一个 person 变量，其值为一个对象，在 person 对象中，有 name 和 age 两个属性。其中，name 属性的值为 zhangsan，age 属性的值为 20。第 3 行代码中，等号右边是 person 对象，等号左边的大括号表示对象解构，在大括号中有 name 变量和 age 变量。等号左边的 name 变量匹配 person 对象中的 name 属性，age 变量匹配 person 对象中的 age 属性，所以 name 变量的值为 zhangsan，age 变量的值为 20。

由此可见，对象解构实际上是属性匹配，变量的名字匹配对象中属性的名字。如果匹配成功，就将对象中属性的值赋给变量。

上述示例是对象解构的一种形式，下面将使用另外一种形式去实现对象的解构赋值。这种形式支持变量的名字和对象中属性的名字不一样的情况，等号左边的大括号代表对象解构，它的语法与对象类似，通过大括号中的属性匹配对象中的属性，示例代码如下。

```
1   <script>
2     let person = { name: 'zhangsan', age: 20, sex: '男' };
3     let { name: myName } = person;
4     console.log(myName);     // 输出结果:zhangsan
5   </script>
```

上述代码中，第 2 行代码使用 let 关键字声明了一个 person 变量，其值为一个对象，在 person 对象中，有 name、age 和 sex 共 3 个属性。其中，name 属性的值为 zhangsan，age 属性的值为 20，sex 属性的值为男。第 3 行代码中，等号右边是 person 对象；在等号左侧的大括号中，冒号左侧的属性名仅用于属性匹配（如 name），冒号右侧是变量名（如 myName）。如果属性匹配成功，则将对象属性对应的值赋给冒号左侧的变量。例如，将第 3 行代码冒号左侧大括号中的 name 属性

和 person 对象中的 name 属性进行匹配，匹配成功后将 person 对象中 name 属性的值 zhangsan 赋给 myName 变量。

1.4 箭头函数

箭头函数是 ES6 中新增的函数，它用于简化函数的定义语法，有自己的特殊语法，接收一定数量的参数，并在其封闭的作用域的上下文（即定义它们的函数或其他代码）中操作。下面将讲解箭头函数的语法和特点，以及箭头函数中 this 关键字的使用。

1.4.1 箭头函数的语法

在 ES6 中，定义箭头函数的基本语法如下。

```
() => { }
```

上述语法中，箭头函数以小括号开头，在小括号中可以放置参数。小括号的后面要跟着箭头（ => ），箭头后面要写一个大括号来表示函数体，这是箭头函数的固定语法。读者此时可能会有一个疑惑：箭头函数没有名字，要如何调用它呢？其实，通常的做法是把箭头函数赋值给一个变量，变量名就是函数名，然后通过变量名去调用函数即可。

下面定义一个没有参数的箭头函数，示例代码如下。

```
1  <script>
2    const fn = () => {
3      console.log(123); // 输出结果:123
4    };
5    fn();
6  </script>
```

上述代码中，第 2 行代码使用 const 关键字定义了一个常量 fn，并将箭头函数赋值给常量 fn；第 3 行代码在箭头函数的内部输出 123；第 5 行代码在函数体外部调用函数 fn()。运行代码后，会看到浏览器控制台中输出了"123"，这说明 fn()函数被成功调用。

1.4.2 箭头函数的特点

在 1.4.1 小节已经介绍了箭头函数的定义与调用。下面将结合案例详细讲解箭头函数的特点。

1. 省略大括号

在箭头函数中，如果函数体中只有一句代码，且代码的执行结果就是函数的返回值，此时可以省略函数体大括号。

下面定义一个函数来计算两个数值相加的结果，该函数接收两个数值作为参数，在函数体内计算两个数值相加的结果并返回，示例代码如下。

```
1  <script>
2    const sum = (num1, num2) => num1 + num2;
3    // 第 2 行代码等价于
```

```
4    // const sum = (num1, num2) => {
5    //   return num1 + num2;
6    // };
7    const result = sum(10, 20);        // 使用 result 接收 sum() 函数执行的结果
8    console.log(result);               // 在控制台输出 result 值, 结果为 30
9  </script>
```

上述代码中, 第 2 行代码是箭头函数省略大括号的写法, 第 4~6 行代码是箭头函数的常规写法。第 4~6 行代码使用 const 关键字声明一个常量 sum, sum 的值为箭头函数, 箭头函数接收两个参数 num1、num2, 参数之间使用逗号分隔, 在函数体中使用 return 关键字返回 num1 和 num2 相加的结果。根据箭头函数的特点, 函数体中只有一句代码且代码的执行结果就是函数的返回值时, 可以省略函数体大括号和 return。因此, 可以将第 4~6 行代码简写为第 2 行代码。

2. 省略参数外部的小括号

在箭头函数中, 如果参数只有一个, 可以省略参数外部的小括号。

下面演示在 ES6 的箭头函数中只有一个参数的函数定义方式, 示例代码如下。

```
1  <script>
2    // 传统的函数定义方式
3    // function fn(v) {
4    //   return v;
5    // }
6    // ES6 中函数定义方式
7    const fn = v => v;
8  </script>
```

上述代码中, 第 3~5 行代码定义了一个函数 fn(), 它接收一个任意参数, 然后在函数体中将这个参数返回。根据 ES6 中箭头函数的特点, 在箭头函数中, 如果参数只有一个, 可以省略参数外部的小括号, 并且因为函数体中只有一句代码, 所以函数体中的 return 和大括号也可以省略。因此, 可以将第 3~5 行代码简写为第 7 行代码。

下面定义带有一个参数的函数, 并在浏览器中弹出警告框显示参数值, 示例代码如下。

```
1  <script>
2    const fn = v => {
3      alert(v);
4    };
5    fn(20);
6  </script>
```

上述代码中, 第 2 行代码使用 const 关键字定义了一个常量 fn, 并将箭头函数赋值给常量 fn。第 3 行代码在箭头函数的内部调用 alert() 函数, 最后在第 5 行代码中调用 fn() 函数。上述代码运行后, 浏览器会弹出警告框并显示 fn() 函数传入的参数 "20"。

1.4.3 箭头函数中的 this 关键字

在 ES6 之前, JavaScript 的 this 关键字指向的对象是在运行时基于函数的执行环境绑定的, 在全局函数中, this 关键字指向的是 window; 当函数被作为某个对象的方法调用时, this 关键字就指

向那个对象。

在 ES6 中，箭头函数不绑定 this 关键字，它没有自己的 this 关键字，如果在箭头函数中使用 this 关键字，那么 this 关键字指向的是箭头函数定义位置的上下文。也就是说，箭头函数被定义在哪，箭头函数中的 this 关键字就指向谁。箭头函数解决了 this 关键字执行环境所造成的一些问题，例如解决了匿名函数中 this 关键字指向的问题（匿名函数的执行环境具有全局性），包括 setTimeout() 和 setInterval() 中使用 this 关键字所造成的问题。

下面通过代码演示 ES6 中 this 关键字的指向，示例代码如下。

```
1  <script>
2    const obj = { name: 'zhangsan' };
3    function fn() {
4      console.log(this);              // 输出结果:{name: "zhangsan"}
5      return () => {
6        console.log(this);            // 输出结果:{name: "zhangsan"}
7      };
8    }
9    // call()方法可以改变函数内部的 this 关键字指向，将函数 fn()内部的 this 关键字指向 obj 对象
10   const resFn = fn.call(obj);
11   resFn();
12 </script>
```

上述代码中，第 2 行代码使用 const 关键字定义了一个常量 obj，其值为一个对象，并且对象具有一个 name 属性，值为 zhangsan。第 3~8 行代码以传统方式定义了一个函数 fn()，在函数中输出了 this 关键字的值，并返回了一个箭头函数，在箭头函数中也输出了 this 关键字的值。第 10 行代码调用 fn() 函数的 call() 方法，表示将 fn() 函数中的 this 关键字指向了 obj 对象，此时 fn() 函数中（第 4 行代码）输出的 this 关键字的值就指向 obj 对象；然后使用 resFn 常量接收 fn() 函数运行后返回的结果，实际上，resFn 常量接收的就是 fn() 函数返回的箭头函数，resFn 常量就相当于返回的函数名。第 11 行代码调用 resFn() 函数，因为箭头函数被定义在了 fn() 函数中，而 fn() 函数中的 this 关键字指向的是 obj 对象，所以 resFn 函数中输出的 this 关键字指向的也是 obj 对象。

1.5　剩余参数

在函数中，当函数实参个数大于形参个数时，剩余的实参可以存放到一个数组中。剩余参数语法允许将一个不确定数量的参数表示为数组。用这种不确定参数的定义方式声明一个未知参数个数的函数非常方便。下面将对剩余参数进行详细讲解。

1.5.1　剩余参数的语法

在 ES6 之前，JavaScript 函数内部有一个 arguments 对象，可以使用这个对象来获取所有实参。现在 ES6 提供了一个新的对象来实现这一功能，并且该对象也可以很方便地获取函数中除开始参

数之外的其余参数。

　　下面通过代码演示如何获取剩余参数，示例代码如下。

```
1 <script>
2   function sum(first, ...args) {
3     console.log(first);    // 输出结果:10
4     console.log(args);     // 输出结果:[20, 30]
5   }
6   sum(10, 20, 30)
7 </script>
```

　　上述代码中，第 2 行代码使用 function 关键字定义 sum()函数，该函数有两个形参。第 1 个参数声明了一个变量 first，剩余的参数会被...args 收集成一个数组，这就是剩余参数。第 6 行代码在函数调用时传递了 3 个实参，分别为 10、20 和 30。当调用 sum()函数后，第 1 个形参变量的值 first 对应实参 10，第 2 个形参 args 在前面加上了 3 个点 "..."，表示 args 接收剩余的实参，即数组 [20, 30]。

　　剩余参数是程序员自定义的一个普通标识符，接收剩余参数的变量是一个数组（Array 的实例），能够直接使用所有的数组方法，例如 sort()、map()、forEach()和 pop()等方法。

　　下面通过代码演示使用剩余参数计算多个数值的求和结果，示例代码如下。

```
1 <script>
2   const sum = (...args) => {
3     let total = 0;
4     args.forEach((item) => {
5       total += item;
6     });
7     // 等价于 args.forEach(item => total += item);
8     return total;
9   };
10  console.log(sum(10, 20));      // 输出结果:30
11  console.log(sum(10, 20, 30)); // 输出结果:60
12 </script>
```

　　上述代码中，第 2 行代码使用 const 关键字声明了一个 sum 常量，用于计算多个数相加，它的值为一个箭头函数。小括号中的 args 是一个数组，前面加上 3 个点 "..."表示接收所有实参。第 3 行代码在箭头函数中使用 let 关键字声明一个 total 变量，用于存储数字相加的总和。第 4 行代码使用 forEach()方法来遍历 args 数组，该方法接收一个回调函数，args 数组中有多少项值，这个回调函数就会被执行多少次，item 为当前循环数组中的当前项。第 8 行代码在循环体外返回 total 值。第 10 行、第 11 行代码分别调用 sum()函数，并在浏览器控制台中输出结果。

　　根据箭头函数的特点，第 4~6 行代码还可以简写成第 7 行代码注释中的形式。如果箭头函数中只有一个形参 item，则 item 外侧的小括号可以省略；如果箭头函数中只有一个形参 item 并且箭头函数内部只有一句代码，则可以省略大括号。

1.5.2　剩余参数和解构赋值配合使用

剩余参数也可以与前面学过的解构赋值配合使用。下面以数组的解构赋值为例，演示剩余参数数和解构赋值的使用方法，示例代码如下。

```
1  <script>
2    let students = ['王五', '张三', '李四'];
3    let [s1, ...s2] = students;
4    console.log(s1);  // 输出结果:王五
5    console.log(s2);  // 输出结果:["张三", "李四"]
6  </script>
```

上述代码中，第 2 行代码使用 let 关键字声明了一个 students 数组，数组中有 3 个值，分别为"王五""张三""李四"。第 3 行代码使用解构的方式从数组中提取值，数组中有 3 个值，但只有 2 个解构变量。在这种情况下，s1 变量对应"王五"，在 s2 变量前面添加 3 个点"..."来接收 students 数组中剩余的元素。接收后，s2 变量是一个数组，存储了"张三""李四"两个元素。

1.6　扩展运算符

扩展运算符和剩余参数的作用是相反的，扩展运算符可以将数组或对象转换为用逗号分隔的参数序列。扩展运算符用 3 个点"..."表示。下面将对扩展运算符的使用方法进行详细讲解。

1.6.1　扩展运算符的语法

下面通过代码演示扩展运算符在数组中的使用，示例代码如下。

```
1  <script>
2    let ary = [1, 2, 3];
3    // ...ary相当于1, 2, 3
4    console.log(...ary);    // 输出结果:1 2 3
5    // 等价于
6    console.log(1, 2, 3);   // 输出结果:1 2 3
7  </script>
```

上述代码中，第 2 行代码使用 let 关键字声明了一个 ary 数组，数组中有 3 个值，分别为 1、2、3。第 4 行代码在数组变量名 ary 的前面添加 3 个点"..."，表示将数组元素拆分成以逗号分隔的参数序列。console.log()方法可以接收多个参数，多个参数以逗号分隔，表示一次输出多个内容。

▌▌ 小提示：

使用扩展运算符将 ary 数组拆分成以逗号分隔的参数序列后，又将参数序列放在了 console.log()方法中，此时参数序列中的逗号会被当成 console.log()方法的参数分隔符，所以输出结果中没有逗号。

1.6.2　扩展运算符的应用

利用扩展运算符可以合并数组，也可以将伪数组转换为真正的数组，下面分别进行讲解。

1. 利用扩展运算符合并数组

扩展运算符可以用于合并数组，通常有以下两种方法，下面分别进行讲解。

首先演示合并数组的第 1 种方法，示例代码如下。

```
1  <script>
2    let ary1 = [1, 2, 3];
3    let ary2 = [4, 5, 6];
4    // ...ary1              // 表示将 ary1 数组拆分成 1, 2, 3
5    // ...ary2              // 表示将 ary2 数组拆分成 4, 5, 6
6    let ary3 = [...ary1, ...ary2];
7    console.log(ary3);      // 输出结果:(6) [1, 2, 3, 4, 5, 6]
8  </script>
```

上述代码中，第 2 行代码使用 let 关键字声明了一个 ary1 数组，数组中有 3 个值，分别为 1、2、3。第 3 行代码声明了一个 ary2 数组，其中有 3 个值，分别为 4、5、6。第 6 行代码声明了一个 ary3 数组，其中存储了 ary1 和 ary2 的参数序列，这样 ary3 数组中就包括 ary1 数组和 ary2 数组中的值。第 7 行代码使用 console.log() 方法在控制台中查看输出结果。

下面通过代码演示合并数组的第 2 种方法，示例代码如下。

```
1  <script>
2    let ary1 = [1, 2, 3];
3    let ary2 = [4, 5, 6];
4    ary1.push(...ary2);
5    console.log(ary1); // 输出结果:(6) [1, 2, 3, 4, 5, 6]
6  </script>
```

上述代码中，第 4 行代码的 push() 方法用于将元素追加到数组中，这个方法可以接收多个参数，并且可以一次将多个参数追加到数组中，参数之间用逗号进行分隔。因为不能将 ary2 数组本身传递给 push() 方法，所以可以使用扩展运算符将 ary2 数组中的元素拆分成以逗号分隔的参数序列，然后将参数序列直接放到 push() 方法中，也就是使用 ary1.push(...ary2) 方法将 ary2 数组中的元素追加到 ary1 数组中，实现数组的合并。

2. 利用扩展运算符将伪数组转换为真正的数组

首先应了解什么是伪数组，伪数组可以应用数组的 length 属性但是无法直接调用数组方法，它也可以像数组一样进行遍历。典型的伪数组包括函数中的 arguments、document.getElementsByTagName() 返回的元素集合，以及 document.childNodes 等。

下面使用扩展运算符来将伪数组或可遍历的对象转换为真正的数组，示例代码如下。

```
1  <!DOCTYPE html>
2  <html>
3  <head>
4    <meta charset="UTF-8">
5    <title>Document</title>
```

```
6    </head>
7    <body>
8      <div>1</div>
9      <div>2</div>
10     <div>3</div>
11     <div>4</div>
12     <div>5</div>
13     <div>6</div>
14     <script>
15       var oDivs = document.getElementsByTagName('div');
16       console.log(oDivs);   // HTMLCollection(6) [div, div, div, div, div, div]
17       var ary = [...oDivs];
18       ary.push('a');        // 在数组中追加 a
19       console.log(ary);     // 输出结果:(7) [div, div, div, div, div, div, "a"]
20     </script>
21   </body>
22   </html>
```

上述代码中，第 8～13 行代码在页面中定义了 6 个 div 元素；第 15 行代码通过 document.getElementsByTagName()方法获取页面中所有的 div 元素；第 16 行代码通过 console.log()方法输出 HTMLCollection 对象，它实际上是一个伪数组；第 17 行代码通过扩展运算符将伪数组转换成以逗号分隔的参数序列，然后在参数序列外面添加一个数组中括号，以便将伪数组转换为真正的数组；第 18 行代码调用数组的 push()方法来验证 ary 是否是真正的数组；第 19 行代码在控制台输出 ary 数组结果，通过返回的结果可以看出 a 已经被追加到 ary 数组中，因此可以得出 ary 是真正的数组这一结论。

1.7   模板字符串

在程序开发中，经常需要将字符串和变量拼接在一起，或者需要用字符串来保存一大段 HTML 代码。如果使用传统的单引号和双引号语法，写起来会比较麻烦，代码可读性也不好，因此 ES6 提供了一种新的字符串创建方式，就是用反引号来定义模板字符串。下面将对模板字符串的使用方法进行详细讲解。

1.7.1   模板字符串的语法

模板字符串是 ES6 新增的创建字符串的方式，它使用反引号进行定义。

下面通过代码演示如何定义模板字符串，示例代码如下。

```
1  <script>
2    let name = `这是一个模板字符串`;
3    console.log(name); // 输出结果:这是一个模板字符串
4  </script>
```

上述代码使用 let 关键字声明一个变量 name，该值为一个模板字符串。然后在浏览器控制台中输出这个值，可以看到字符串在控制台中正常输出，这表明字符串定义成功。

1.7.2　模板字符串的应用

通过前面的学习，我们知道了如何定义模板字符串。下面将详细讲解模板字符串的应用。

1. 模板字符串可以解析变量

下面通过代码演示模板字符串如何解析变量，示例代码如下。

```
1  <script>
2    let name = `张三`;
3    let sayHello = `Hello, 我的名字叫${name}`;
4    console.log(sayHello); // 输出结果:Hello, 我的名字叫张三
5  </script>
```

上述代码声明了两个变量，即 name 变量和 sayHello 变量。如果想要在 sayHello 变量中显示 name 变量中存储的内容，按照传统的方法，需要使用加号进行字符串拼接。但是在模板字符串中，可以直接通过"${变量名}"的方式解析变量的内容，最终在浏览器控制台的输出结果为"Hello, 我的名字叫张三"。

2. 在模板字符串中可以换行

当模板字符串的内容比较多时，可以直接进行换行书写，这样显示效果会比较美观。

下面通过代码演示在模板字符串中如何换行，示例代码如下。

```
1  <script>
2    let result = {
3      name: 'zhangsan',
4      age: 20,
5      sex: '男'
6    };
7    let html = `
8  <div>
9    <span>${result.name}</span>
10   <span>${result.age}</span>
11   <span>${result.sex}</span>
12 </div>
13 `;
14   console.log(html);
15 </script>
```

上述代码中，第 2 行代码定义了一个 result 对象，对象中有 3 个属性，分别为 name、age、sex；第 7～13 行代码定义了一个模板字符串并保存给 html 变量，其中，第 9～11 行代码将 result 对象中的属性使用"${}"的方式拼接到模板字符串中。

保存上述代码，在浏览器控制台中查看运行结果，如图 1-1 所示。

图 1-1　运行结果

从图 1-1 可以看出，模板字符串的输出结果在控制台中换行显示。

3. 在模板字符串中可以调用函数

在模板字符串中通过 "${函数名()}" 的方式可以调用函数，调用函数的位置将会显示函数执行后的返回值。

下面通过代码演示在模板字符串中如何调用函数，示例代码如下。

```
1 <script>
2   const fn = () => {
3     return '我是 fn 函数';
4   };
5   let html = `我是模板字符串 ${fn()}`;
6   console.log(html);  // 输出结果:我是模板字符串 我是 fn 函数
7 </script>
```

上述代码中，第 2 行代码定义了一个 fn() 函数，该函数返回了一个字符串。第 5 行代码定义了一个 html 变量，并赋值一个模板字符串。在这个模板字符串中，使用 "${fn()}" 调用了 fn() 函数，该函数调用的位置将会显示 fn() 函数的返回值。

1.8　ES6 的内置对象扩展

ES6 为 Array（数组）、String（字符串）等内置对象提供了许多扩展方法，从而帮助开发人员提高开发效率。通过扩展方法可以实现很多方便的功能，如将伪数组转换为真正的数组、在数组中查找出符合条件的数组成员等。下面将详细讲解 ES6 中内置对象扩展的基本使用方法。

1.8.1　数组的扩展方法

在前面已讲过了如何使用扩展运算符将伪数组转换为真正的数组，下面使用数组的扩展方法来实现这个功能。

1. Array.from() 方法

Array 构造函数提供了一个 from() 方法，它可以接收一个伪数组作为参数，返回值为伪数组转换后的结果，这个结果是一个真正的数组。

下面通过代码进行演示，示例代码如下。

```
1  <script>
2    var arrayLike = {
3      '0': '张三',
4      '1': '李四',
5      '2': '王五',
6      length: 3
7    };
8    var ary = Array.from(arrayLike);
9    console.log(ary);      // 输出结果:(3) ["张三", "李四", "王五"]
10 </script>
```

上述代码中，arrayLike 变量是一个伪数组，第 8 行代码调用了 Array.from()方法，并将 arrayLike 作为参数传递给该方法。Array.from()方法的返回值被保存并给了 ary 变量。最后在控制台输出 ary 变量的值，结果为一个真正的数组。

在 Array 构造函数中，from()方法还可以接收两个参数，这与数组中的 map()方法类似，它用于处理数组中的每个元素并将处理后的结果放入返回的数组中，示例代码如下。

```
1 <script>
2   var arrayLike = {
3     '0': 1,
4     '1': 2,
5     '2': 3,
6     length: 3
7   };
8   var ary = Array.from(arrayLike, (item) => {
9     return item * 2;
10  });
11  // 等价于: var ary = Array.from(arrayLike, item => item * 2)
12  console.log(ary);   // 输出结果:[2, 4, 6]
13 </script>
```

上述代码中，arrayLike 变量是一个伪数组，第 8 行代码调用了 Array.from()方法，该方法中有两个参数，第 1 个参数是 arrayLike；第 2 个参数是一个函数，它的作用是对数组中的元素进行处理，数组中有多少个元素，函数就会被调用多少次。该函数中有一个形参 item，代表要处理的当前项。在函数体中，第 9 行代码将数组中的每一项都乘以 2，然后通过 return 返回处理的结果，最终得出新数组的值为 2、4、6。

2. 数组实例的 find()方法

在数组实例中，ES6 提供了一个 find()方法，它用于在数组中查找出第一个符合条件的数组成员。find()方法接收一个函数作为参数，所有数组成员依次执行该回调函数，直到找出第一个返回值为 true 的成员，然后返回该成员，如果没有找到符合条件的成员，则返回 undefined。

下面通过代码演示如何查找出 item.id 值为 2 的对象，示例代码如下。

```
1 <script>
2   var ary = [{
3     id: 1,
4     name: '张三'
5   }, {
6     id: 2,
7     name: '李四'
8   }];
9   let target = ary.find((item, index) => item.id == 2);
10  console.log(target);     // 输出结果:{id: 2, name: "李四"}
11 </script>
```

上述代码中，ary 是一个包含两个对象的数组，第 1 个对象的 id 属性值为 1，name 属性值为张三；第 2 个对象的 id 属性值为 2，name 属性值为李四。第 9 行代码调用 find()方法，并向该方法中传递一个函数，find()方法内部会循环这个数组，每一次循环时，都会调用传递进去的函数。

find()方法内部在调用函数时可以接收两个参数，即当前值 item 和当前索引 index。在参数的函数体内，返回查找的条件，即 item.id 值为 2。如果数组中含有 id 属性值为 2 的对象，那么 find()方法将会返回这个对象，并使用 target 变量接收这个返回值。

3. 数组实例的 findIndex()方法

数组实例提供了一个 findIndex()方法，用于在数组中查找出第一个符合条件的数组成员的索引，如果没有找到则返回-1。findIndex()方法的使用与 find()方法非常类似。

下面通过代码演示如何查找出数组中大于 9 的元素的索引，示例代码如下。

```
1  <script>
2    let ary = [1, 5, 10, 15];
3    let index = ary.findIndex((value, index) => {
4      return value > 9;
5    });
6    // 等价于: let index = ary.findIndex((value, index) => value > 9);
7    console.log(index); // 输出结果:2
8  </script>
```

上述代码中，ary 数组中有 4 个元素，分别为 1、5、10、15。第 3 行代码调用 findIndex()方法，并向该方法中传递一个函数，findIndex()方法内部会循环 ary 数组，每一次循环时，都会调用传递进去的函数。findIndex()方法内部在调用函数时接收两个参数，即当前值 value 和当前索引 index。第 4 行代码在函数体内返回查找的条件，即 value 值大于 9。根据 findIndex()方法的特点，它只查找出第一个符合条件的数组成员的索引，因此只有 10 是满足条件的，它在 ary 数组中的索引是 2，所以控制台中输出的 index 的结果为 2。

4. 数组实例的 includes()方法

在 ES6 之前，通常使用数组的 indexOf()方法检查是否包含某个给定的值。indexOf()方法的表达方式比较晦涩难懂，它用于找出参数值的第一个出现的索引，当不包含给定的值时返回-1，表达起来不够直观。ES6 为数组实例提供了 includes()方法，该方法可以表示某个数组是否包含给定的值，返回一个布尔值，true 表示包含给定的值，false 表示不包含给定的值。

下面通过代码演示 includes()方法的使用，示例代码如下。

```
1  <script>
2    let ary = ['a', 'b', 'c'];
3    let result = ary.includes('a');
4    console.log(result);    // 输出结果:true
5    result = ary.includes('e')
6    console.log(result);    // 输出结果:false
7  </script>
```

上述代码中，ary 数组中有 3 个元素，分别为 a、b、c。第 3 行代码通过调用 includes('a')方法去判断 a 是否包含在 ary 数组中，并使用 result 变量接收这个返回值。因为 a 包含在 ary 数组中，所以 result 值为 true。同理，第 5 行代码通过调用 includes('e')方法去判断 e 是否包含在 ary 数组中，并使用 result 变量接收这个返回值。因为 e 不包含在 ary 数组中，所以 result 值为 false。

1.8.2　字符串的扩展方法

在前面的内容中，已学习了数组的 includes() 方法，它用于在数组中查找出第一个符合条件的数组成员的索引。而 ES6 也提供了字符串的 includes() 方法，用于确定一个字符串是否包含在另一个字符串中。除此之外，ES6 还提供了 startsWith() 方法和 endsWith() 方法，同样可以用于字符串的查找。

下面主要讲解 ES6 提供的一些字符串扩展方法，包括 startsWith() 方法和 endsWith() 方法，以及 repeat() 方法。

1. 字符串实例的 startsWith() 方法和 endsWith() 方法

startsWith() 方法表示参数字符串是否在原字符串的头部，用于判断字符串是否以某字符串开头；endsWith() 方法表示参数字符串是否在原字符串的尾部，用于判断字符串是否以某字符串结尾。上述两个方法如果满足条件则返回 true，反之返回 false。

下面通过代码演示 startsWith() 方法和 endsWith() 方法的使用，示例代码如下。

```
1  <script>
2    let str = 'Hello ECMAScript 2015';
3    let r1 = str.startsWith('Hello');
4    console.log(r1); // 输出结果:ture
5    let r2 = str.endsWith('2016');
6    console.log(r2); // 输出结果:false
7  </script>
```

上述代码中，第 2 行代码使用 str 变量定义了一串字符，字符串内容为 "Hello ECMA Script 2015"；第 3 行代码使用 startsWith() 方法判断 str 字符串是否以 Hello 开头，并将结果返回给 r1 变量。因为 str 字符串是以 Hello 开头的，所以 r1 变量的结果为 true。同理，第 5 行代码使用 endsWith() 方法判断 str 字符串是否以 2016 结尾，并将结果返回给 r2 变量。因为 str 字符串不是以 2016 结尾的，所以 r2 变量的结果为 false。

2. 字符串实例的 repeat() 方法

repeat() 方法表示将原字符串重复 n 次，它返回一个新字符串，并接收一个数值作为参数，表示将字符串重复多少次。

下面通过代码演示 repeat() 方法的使用，示例代码如下。

```
1  <script>
2    console.log('y'.repeat(5));      // 输出结果:yyyyy
3    console.log('hello'.repeat(2)); // 输出结果:hellohello
4  </script>
```

上述代码中，第 2 行代码表示将字符串 y 重复 5 次，第 3 行代码表示将字符串 hello 重复 2 次。

1.9　Set 数据结构

ES6 提供了新的数据结构 Set。Set 类似于数组，但是成员的值都是唯一的，没有重复的值。

Set 实例的方法分为两大类，即操作方法（用于操作数据）和遍历方法（用于遍历成员）。接下来，我们将详细讲解 Set 数据结构、Set 实例的操作方法以及 Set 实例的遍历方法的基本使用。

1.9.1 Set 数据结构的基本使用

Set 数据结构常用于电商网站的搜索功能中，用户搜索完成后，网站要记录用户搜索的关键字，方便用户下次直接单击搜索历史关键字来完成搜索。搜索历史关键字的存储可以使用 Set 数据结构，因为搜索历史关键字不能有重复的值，而用户完全有可能多次输入相同的搜索关键字。使用 Set 存储值时，Set 数据结构内部会自动判断值是否重复，如果重复则不会进行存储。

1. 创建 Set 数据结构

Set 本身是一个构造函数，创建此构造函数的实例对象就是创建 Set 数据结构，示例代码如下。

```
1 <script>
2   const s1 = new Set();    // 使用 new 关键字创建 Set 构造函数的实例
3   console.log(s1.size);    // 输出结果:0
4 </script>
```

上述代码中，第 2 行代码使用 const 关键字声明了一个常量 s1，它的值为一个空的 Set 数据结构。s1 实例对象提供了一个 size 属性，size 代表在当前数据结构中包含值的数量。s1.size 的值为 0，说明这是一个空的 Set 数据结构。

2. 初始化 Set 数据结构

在创建 Set 数据结构时，也可以将一个数组作为参数进行传递，进而初始化 Set 数据结构，示例代码如下。

```
1 <script>
2   const s2 = new Set(['a', 'b']);
3   console.log(s2.size); // 输出结果:2
4 </script>
```

上述代码中，第 2 行代码在初始化 Set 构造函数时将一个数组作为参数进行传递，数组中的值会被自动存储在 Set 数据结构中。

3. 利用 Set 数据结构给数组去重

在初始化 Set 构造函数时，可以将一个数组作为参数进行传递，如果数组中有重复的值，那么 Set 数据结构会把重复的值过滤掉，示例代码如下。

```
1 <script>
2   const s3 = new Set(["a", "a", "b", "b"]);
3   console.log(s3.size); // 输出结果:2
4   const ary = [...s3];
5   console.log(ary);     // 输出结果:(2) ["a", "b"]
6 </script>
```

上述代码中，在初始化 Set 构造函数时，将一个数组作为参数进行传递。数组中有重复的值，Set 数据结构会自动过滤掉重复的值。然后可以利用扩展运算符将 Set 数据结构转换为以逗号分隔的参数序列，并在参数序列外部加上数组中括号，将其变为数组形式。将数组存储到 ary 常量中，并在浏览器控制台输出 ary 的值。

1.9.2 Set 实例的操作方法

Set 数据结构的实例提供了一些方法，以便于对数据结构中的数据进行操作。下面将对 Set 实例常用的 add()、delete()、has()和 clear()方法进行讲解。

1. Set 实例的 add()方法

Set 实例提供的 add()方法用于向 Set 数据结构中添加某个值，它接收一个参数代表要添加对应的值，返回 Set 结构本身。

下面通过代码演示 add()方法的使用，示例代码如下。

```
1  <script>
2    const s4 = new Set();
3    s4.add('a').add('b');
4    console.log(s4.size); // 输出结果:2
5  </script>
```

上述代码使用 const 关键字声明了一个常量 s4，它的值为一个空的 Set 数据结构。然后使用 add()方法向 Set 数据结构中添加成员 a 和 b，add()方法可以链式调用。最后在浏览器控制台输出 s4 成员的数量，结果为 2，证明数据添加成功。

2. Set 实例的 delete()方法

Set 实例提供的 delete()方法用于删除 Set 数据结构中的某个值，它接收一个参数代表要删除对应的值，返回一个布尔值，表示删除是否成功，如果结果为 true 则表示删除成功，为 false 则表示删除失败。

下面通过代码演示 delete()方法的使用，示例代码如下。

```
1  <script>
2    const s4 = new Set();
3    s4.add('a').add('b');
4    const r1 = s4.delete('a');
5    console.log(s4.size); // 输出结果:1
6    console.log(r1);      // 输出结果:true
7  </script>
```

上述代码中，第 4 行代码使用 delete()方法删除 s4 中的 a 成员，然后声明一个 r1 常量接收 delete()方法的返回值。最后在浏览器控制台输出 s4 的成员的数量，并且 r1 的值为 true，证明数据删除成功。

3. Set 实例的 has()方法

Set 实例提供 has()方法，该方法接收一个参数并判断该参数是否为 Set 数据结构中的成员，返回一个布尔值，如果结果为 true 则表示包含该成员，为 false 则表示不包含该成员。

下面通过代码演示 has()方法的使用，示例代码如下。

```
1  <script>
2    const s4 = new Set();
3    s4.add('a').add('b');
```

```
4    const r1 = s4.delete('a');
5    console.log(s4.size);  // 输出结果:1
6    console.log(r1);       // 输出结果:true
7    const r2 = s4.has('a');
8    console.log(r2);       // 输出结果:false
9  </script>
```

上述代码中，第 4 行代码使用 delete()方法删除 s4 中的 a 成员；第 7 行代码使用 has()方法检测 s4 中是否还有 a 成员，并声明一个 r2 常量接收 has()方法的返回值。在浏览器控制台输出 r2 的值 false，证明数据中不包含 a 成员。

4. Set 实例的 clear()方法

Set 实例提供的 clear()方法用于清除 Set 数据结构中的所有成员，该方法没有返回值。

下面通过代码演示 clear()方法的使用，示例代码如下。

```
1  <script>
2    const s4 = new Set();
3    s4.add('a').add('b');
4    s4.clear();
5    console.log(s4.size); // 输出结果:0
6  </script>
```

上述代码中，第 4 行代码使用 clear()方法删除 s4 中的所有成员，因为该方法没有返回值，所以可以通过直接输出 s4 的 size 属性来判断是否删除成功。在浏览器控制台输出 size 属性的结果，该结果为 0，表明 s4 的成员清除成功。

1.9.3　Set 实例的遍历方法

Set 数据结构的实例提供了 forEach()方法，用于遍历 Set 数据结构中的成员。Set 结构的实例与数组一样，也拥有一个 forEach()方法，该方法用于对每个成员执行某种操作，没有返回值。

下面通过代码演示 forEach()方法的使用，示例代码如下。

```
1  <script>
2    const s5 = new Set(['a', 'b', 'c']);
3    s5.forEach(value => {
4      console.log(value);  // 依次输出 a、b、c
5    });
6  </script>
```

上述代码中，第 2 行代码使用 const 关键字声明了一个常量 s5，它的值是一个 Set 数据结构。然后调用 Set 数据结构的 forEach()方法，该方法接收一个函数作为参数，并循环 s5 中的值，每一次循环时都会调用这个函数，当它被调用时会传递一个参数 value，实际上就是当前循环项。在函数体内部就可以获取到 Set 数据结构中的值，并在浏览器的控制台中会输出 a、b、c。

1.10　初识 Symbol

Symbol 是 ES6 中新增的一种原始数据类型，它的功能类似于一种标识唯一性的 ID 值，表示独一无二。下面将详细讲解 Symbol 的基本使用。

1.10.1　Symbol 的基本使用

Symbol 是原始数据类型，而不是对象，因此 Symbol() 函数不能使用 new 关键字。Symbol() 函数可以接收一个字符串作为参数，为新创建的 Symbol 实例提供描述信息，该描述信息主要是在控制台中显示或转为字符串时使用，以便于区分。

下面进行代码演示 Symbol 的基本使用，示例代码如下。

```
1  <script>
2    let s1 = Symbol('a');
3    let s2 = Symbol('b');
4    console.log(s1);    // 输出结果:Symbol('a')
5    console.log(s2);    // 输出结果:Symbol('b')
6  </script>
```

上述代码中，s1 和 s2 是两个 Symbol 数据类型的值。如果不向 Symbol() 函数传递参数，则在控制台中 s1 和 s2 的输出结果都为 Symbol()，不利于区分。如果有参数，则相当于向 s1 和 s2 添加了描述信息，在输出时就可以区分清楚 s1 和 s2 分别代表哪些值。

每个 Symbol 实例都是唯一的，即使具有相同参数的两个 Symbol() 函数进行比较时，函数的返回结果都会是 false，示例代码如下。

```
1  <script>
2    let s1 = Symbol('a');
3    let s2 = Symbol('a');
4    console.log(s1);        // 输出结果:Symbol('a')
5    console.log(s2);        // 输出结果:Symbol('a')
6    console.log(s1 === s2); // 输出结果:false
7  </script>
```

上述代码中，s1 和 s2 都是 Symbol() 函数的返回值，且它们的参数相同，都为字符串'a'，但是它们是不相等的。

1.10.2　使用 Symbol 作为对象属性名

因为每一个 Symbol 的值都是不相等的，所以将 Symbol 作为对象的属性名可以保证属性不重名。这适用于对象由多个模块组成的情况，可以防止某一个键被意外改写或覆盖，示例代码如下。

```
1  <script>
2    let MY_NAME = Symbol();
3    // 第 1 种写法
4    let a = {};
5    a[MY_NAME] = 'Hello!';
6    console.log(a); // 输出结果:{ Symbol(): "Hello!" }
7    // 第 2 种写法
8    let a = {
9      [MY_NAME]: 'Hello!',
```

```
10     };
11     console.log(a); // 输出结果:{ Symbol(): "Hello!" }
12     // 第 3 种写法
13     let a = {};
14     Object.defineProperty(a, MY_NAME, { value: 'Hello!' });
15     console.log(a); // 输出结果:{ Symbol(): "Hello!" }
16 </script>
```

上述代码通过方括号结构或 Object.defineProperty 将对象的属性名指定为一个 Symbol 值。使用第 1 种写法时，将 Symbol 值作为对象属性名要使用方括号而不能用点运算符。这是因为点运算符后面一直是字符串，导致 a 的属性名实际上是一个字符串，而不是一个 Symbol 值。使用第 2 种写法时，若想在对象内部使用 Symbol 值定义属性，Symbol 值必须放在方括号中，如果 MY_NAME 不放在方括号中，该属性的键名就是字符串 MY_NAME，而不是 MY_NAME 所代表的那个 Symbol 值。使用第 3 种写法时，会直接在一个 a 对象上定义一个新属性，并返回此对象。以上 3 种方式的输出结果相同。

本章小结

本章首先讲解了 ES6 的概念，帮助读者对 ES6 有一个初步的认识；接着讲解了 ES6 中新增的 let 关键字和 const 关键字的特点及其基本使用；然后讲解了数组和对象的解构赋值，箭头函数、剩余参数和扩展运算符，以及模板字符串和 ES6 的内置对象扩展的使用，这些使代码编写更加简洁易读，语义更加清晰；最后讲解了 ES6 提供的数据结构 Set 和原始数据类型 Symbol，帮助读者提高开发效率。

课后练习

一、填空题

1. ES 的全称是_____，它是由 ECMA 国际标准化组织制定的一项脚本语言的标准化规范。

2. 使用 let 关键字声明的变量具有_____作用域。

3. 在 ES6 中可以使用_____关键字声明一个常量。

4. _____中的 this 关键字指向的是函数定义位置的上下文 this。

5. 数组中的_____方法用于找出第一个符合条件的数组成员，如果没有找到返回 undefined。

二、判断题

1. 利用 var 声明的变量会绑定在块级作用域，不会受外界的影响。（　　）

2. 使用 const 关键字声明常量的时候必须要给定值。（　　）

3. 解构赋值是把数据结构分解，然后对变量赋值。（　　）

4. 数组实例中的 includes()方法可以判断某个数组是否包含给定的值，返回布尔值。（　　）

5. 字符串实例 endsWith()方法表示参数字符串是否在原字符串的头部，返回布尔值。（　　　）

三、选择题

1. 下列选项中，不属于 let 关键字特点的是（　　　）。

A. let 关键字声明的变量只在所处的块级作用域有效

B. let 关键字声明的变量不存在变量提升

C. let 关键字声明的变量具有局部作用域

D. let 关键字声明的变量具有暂时性死区特性

2. 下列选项中，说法错误的是（　　　）。

A. 使用 var 关键字声明的变量存在变量提升现象

B. 使用 let 关键字声明的变量不存在变量提升现象

C. 使用 const 关键字声明的常量不存在变量提升现象

D. 使用 var 关键字声明的变量只能先声明后使用

3. 下列选项中，关于箭头函数的说法错误的是（　　　）。

A. 如果函数体中只有一句代码，且代码的执行结果就是返回值，可以省略大括号

B. 如果形参只有一个，可以省略小括号

C. 箭头函数绑定 this 关键字

D. 箭头函数中的 this 关键字指向的是函数定义位置的上下文 this

4. 下列选项中，关于扩展运算符说法错误的是（　　　）。

A. 扩展运算符可以将数组或者对象转为用冒号分隔的参数序列

B. 扩展运算符可以将可遍历对象转换为真正的数组

C. 扩展运算符可以应用于合并数组

D. 扩展运算符可以将伪数组转换为真正的数组

四、程序分析题

1. 阅读如下代码，试分析最后的运行结果是多少。

```
<script>
  let arr = [];
  for (let i = 0; i < 2; i++) {
    arr[i] = function () {
      console.log(i);
    };
  }
  arr[0]();
  arr[1]();
</script>
```

2. 阅读如下代码，试分析最后的运行结果是多少。

```
<script>
  var age = 100;
  var obj = {
```

```
    age: 20,
    say: () => {
      alert(this.age);
    }
  };
  obj.say();
</script>
```

五、简答题

1. 请简述 let 关键字声明变量的特点。

2. 请简述 const 关键字声明常量的特点。

3. 请简述暂时性死区的概念。

4. 请简述箭头函数的特点。

第 2 章

Node.js模块化开发

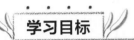
学习目标

★ 掌握 Node.js 的安装和使用，能够完成运行环境的搭建

★ 掌握 Node.js 模块化开发，能够完成模块化成员的导入和导出操作

★ 掌握 Node.js 系统模块和第三方模块的使用，能够实现项目的功能

★ 掌握 Node.js 项目中 gulp 模块的使用，能够完成项目的自动化构建

★ 熟悉 Node.js 项目依赖管理，能够理解 package.json 文件的作用

★ 熟悉 Node.js 中的模块加载机制，能够正确完成模块的加载

拓展阅读

　　随着互联网的发展，全栈工程师（Full Stack Engineer）的概念开始兴起，全栈工程师可以承担用户界面、业务逻辑、数据建模、服务器、网络和环境等方面的开发工作，这意味着全栈工程师应该熟悉各层间的交互。现在，Node.js 的出现使 JavaScript 语言可以进行服务器端的开发并可与数据库交互，从而降低了开发人员的学习成本，为程序开发创造了良好的条件。Node.js 是采用模块化开发的，下面将详细讲解 Node.js 的安装和模块化开发的基础知识。

2.1 Node.js 运行环境搭建

　　Node.js 是一个基于 Chrome V8 引擎的 JavaScript 代码运行环境，也可以说是一个运行时平台，提供了一些功能性的 API（Application Programming Interface，应用程序接口），例如文件操作 API、网络通信 API。如果在浏览器中运行 JavaScript 代码，浏览器就是 JavaScript 代码的运行环境；如果在 Node.js 平台运行 JavaScript 代码，Node.js 就是 JavaScript 代码的运行环境。

　　在使用 Node.js 前，首先要进行安装和配置，下面对 Node.js 的运行环境搭建进行详细讲解。

2.1.1 下载和安装

首先打开 Node.js 官方网站，找到 Node.js 下载地址，如图 2–1 所示。

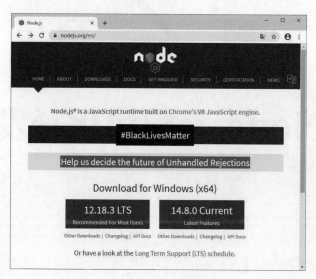

图 2–1 Node.js 下载地址

从图 2–1 中可以看出，Node.js 有两个版本，其中 LTS（Long Term Support）是提供长期支持的版本，只进行微小的 Bug 修复且版本稳定，因此有很多用户在使用；Current 是当前发布的最新版本，增加了一些新特性，有利于进行新技术的开发。这里选择 LTS 版本进行下载即可。例如，下载"12.18.3 LTS"版本需要单击"12.18.3 LTS"的绿色区域，如图 2–2 所示。

下载成功后，到保存路径下找到 node–v12.18.3–x64.msi 文件，此文件就是下载的 Node.js 安装包，如图 2–3 所示。

node-v12.18.3-
x64.msi

图 2–2 单击"12.18.3 LTS"的绿色区域   图 2–3 Node.js 安装包

双击 node–v12.18.3–x64.msi 安装包进行安装，会弹出安装提示对话框，如图 2–4 所示。

安装过程全部使用默认值。安装完成后，可以测试一下 Node.js 是否安装成功，测试步骤如下。

（1）按"Windows+R"组合键，打开"运行"对话框，输入"cmd"。"运行"对话框效果如图 2–5 所示。

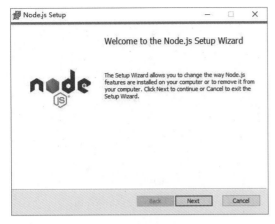
图 2-4　安装提示对话框

图 2-5　"运行"对话框效果（1）

（2）单击"确定"按钮，或者直接按"Enter"键，会打开 cmd 命令提示符界面，如图 2-6 所示。

（3）在 cmd 命令提示符界面中，输入命令"node – v"（其中 v 是 version 的简写，表示版本），按"Enter"键，会显示当前安装的 Node.js 版本，显示效果如图 2-7 所示。

图 2-6　cmd 命令提示符界面

图 2-7　使用 cmd 显示当前安装的 Node.js 版本

（4）若想退出 cmd 命令提示符界面，可以输入"exit"并按"Enter"键，或者单击 cmd 命令提示符界面右上角的"×"（关闭）按钮。

多学一招：使用 PowerShell 工具测试 Node.js 是否安装成功

前面已介绍了如何使用 cmd 命令提示符工具来测试 Node.js 是否安装成功。PowerShell 是 Windows 系统中的一个新的命令行工具，下面将使用 Windows 10 系统自带的 PowerShell 命令提示符工具来测试 Node.js 是否安装成功，测试步骤如下。

（1）按"Windows+S"组合键，输入"powershell"（不区分大小写），打开相应程序；或者按"Windows+R"组合键，打开"运行"对话框，输入"powershell"，"运行"对话框效果如图 2-8 所示。

（2）单击"确定"按钮，或者直接按"Enter"键，会打开 PowerShell 命令提示符界面，如图 2-9 所示。

图 2-8　"运行"对话框效果（2）

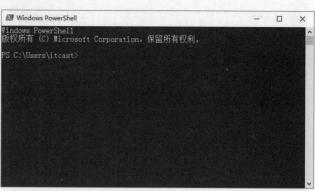

图 2-9　PowerShell 命令提示符界面

（3）在 PowerShell 命令提示符界面中，输入命令"node － v"，按"Enter"键，显示当前安装的 Node.js 版本，显示效果如图 2-10 所示。

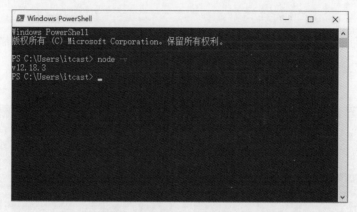

图 2-10　使用 PowerShell 显示当前安装的 Node.js 版本

（4）若想退出 PowerShell 命令提示符界面，可以输入"exit"并按"Enter"键，或者单击 Power-Shell 命令提示符界面右上角的"×"（关闭）按钮。

2.1.2　Node.js 环境常见安装失败情况

2.1.1 小节是 Node.js 顺利安装完成的流程，由于不同用户使用的系统配置是不统一的，在一些系统配置中会有不稳定的配置，可能会导致 Node.js 环境安装失败。下面将介绍常见的安装失败情况及解决方法。

1. 错误代号 2503 的解决方法

在安装过程中，突然弹出了一个消息框，提示 2503 错误，如图 2-11 所示。

从图 2-11 中可以看出，安装失败的原因是系统账户权限不足，该如何怎么解决呢？这里以 Windows 10 系统下的 PowerShell 命令行工具为例，如果读者使

图 2-11　2503 错误

用的是 cmd 命令行工具，那么解决方法与以下解决步骤类似。

（1）使用管理员身份运行 PowerShell 命令提示符工具。

按"Windows+S"组合键打开搜索界面，输入"powershell"（不区分大小写）进行搜索，在"Windows PowerShell"项中选择"以管理员身份运行"。搜索界面如图 2-12 所示。

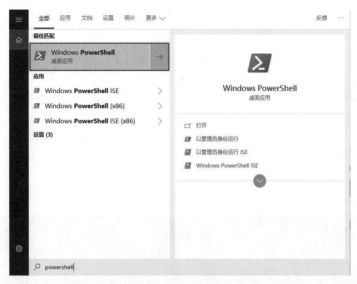

图 2-12　搜索界面

（2）以管理员身份进入 PowerShell 命令提示符界面，如图 2-13 所示。

图 2-13　以管理员身份进入 PowerShell 命令提示符界面

（3）在 PowerShell 命令提示符界面中，输入运行安装包命令，示例命令如下。

```
msiexec /package node 安装包路径
```

上述命令中，"msiexec"命令表示执行 Windows 10 系统下后缀为 msi 的安装包；"/package"后面指定安装包路径。

下面以本机安装路径（C:\Users\itcast\Downloads\node-v12.18.3-x64.msi）为例，演示如何以管理员身份安装 Node.js。输入运行安装包命令，如图 2-14 所示。

图2-14   输入运行安装包命令

以上是针对安装过程中出现错误代号 2502 或 2503 的解决方法。

2. 执行命令报错

Node.js 安装成功后，若输入"node −v"命令验证 Node 运行环境是否安装成功时报错，错误提示如图 2−15 所示。

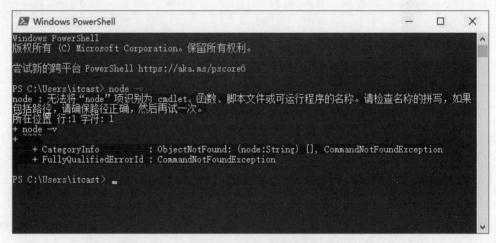

图2-15   安装失败错误提示

从图 2−15 中可以看出，安装失败的原因是 Node.js 安装目录写入环境变量失败。在常规情况下，Node.js 安装过程中安装包会自动把 Node.js 的安装目录放入系统的环境变量 Path 中，若出现图 2−15 所示错误表明操作失败。解决方法是手动将 Node.js 安装目录添加到环境变量 Path 中，以 Windows 10 操作系统为例，解决步骤如下。

（1）首先找到 Node.js 的安装目录，本机的 Node.js 安装目录是 C:\Program Files\nodejs，将该目录地址进行复制。

（2）右键单击"此电脑"图标，选择"属性"命令，进入"系统"界面，按图 2−16 所示步骤设置 Path 环境变量。

在图 2−16 中，在步骤④中双击"系统变量"下的"Path"选项，打开"编辑环境变量"窗口，可看到系统环境变量 Path 存储的值，这里的 Path 表示目录。接下来，在步骤⑤中单击"新建"按钮，把前面复制的 Node.js 安装目录 C:\Program Files\nodejs 粘贴到这里即可。

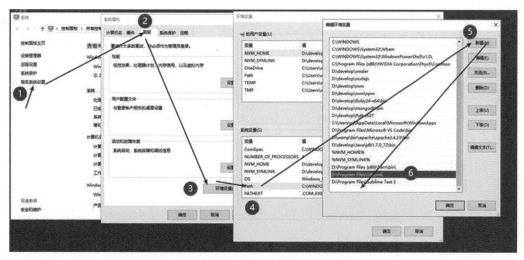

图 2-16　设置 Path 环境变量操作步骤

完成上述步骤后，如果命令提示符工具处于打开状态，则需要关闭命令提示符工具并重新打开它，这样 Path 环境变量才能生效。

多学一招：Path 环境变量的作用

在前面内容中已学习了如何配置 Path 环境变量，那么 Path 环境变量是如何工作的呢？当在命令行工具中输入"node"时，实际上是去当前计算机中查找一个名字为 node.exe 的可执行文件，如果这个文件能够找到，则命令就可以成功执行。那么命令行工具是如何进行查找的呢？

当前计算机中 node 命令的可执行文件 node.exe 在目录"C:\Program Files\nodejs"下，如图 2-17 所示。

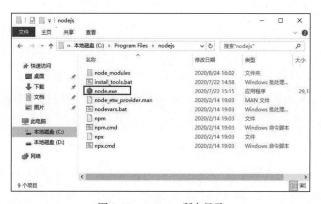

图 2-17　node.exe 所在目录

从图 2-17 可知，node.exe 保存在"C:\Program Files\nodejs"下，但是在测试 Node.js 安装是否成功时，该命令是在"C:\User\itcast"下使用的，按照命令行工具执行命令的原理，node 命令应该只能在"C:\Program Files\nodejs"下使用，其他目录是找不到的。那么，这个操作是如何实现的？

这里需要用到 Windows 系统中的 Path 环境变量，它的作用是当要求系统运行一个程序而没有告诉该程序所在的完整路径时，告诉系统除了在当前目录下寻找该程序外，还应到哪些目录下去寻找。如果在 Path 环境变量中配置了.exe 文件的路径，那么在任何路径下使用 node 命令都可以找到 node.exe 文件。在 Node.js 的安装过程中，默认会在 Path 环境变量中配置好 node.exe 的路径，如果在 Path 环境变量中没有自动配置 node.exe 路径，读者可以手动完成配置。

2.2   Node.js 的基本使用

前面已学习了 Node.js 的下载和安装，以及 Node.js 环境常见安装失败情况的解决办法。下面将带领读者快速体验 Node.js 的使用。

2.2.1   Node.js 的组成

JavaScript 和 Node.js 的核心语法都是 ECMAScript，JavaScript 是一种脚本语言，一般运行在客户端，而 Node.js 就是运行在服务器端的 JavaScript。

JavaScript 由三部分组成，分别是 ECMAScript、DOM 和 BOM，具体介绍如下。

• ECMAScript 是 JavaScript 的核心语法。

• DOM（Document Object Model，文档对象模型）是 HTML 和 XML 的 API，用于控制文档的内容与结构。

• BOM（Browser Object Model，浏览器对象模型）可以对浏览器窗口进行访问和操作。

Node.js 是由 ECMAScript 和 Node 环境提供的一些附加 API 组成的，包括文件、网络和路径等。

JavaScript 在客户端和服务器端实现的功能不同，区别具体如下。

在客户端，JavaScript 需要依赖浏览器提供的 JavaScript 引擎解析执行，浏览器还提供了对 DOM 的解析，所以客户端的 JavaScript 不仅应用了核心语法 ECMAScript，而且能操作 DOM 和 BOM，常见的应用场景包括用户交互、动画特效、表单验证、发送 Ajax 请求等。

在服务器端，JavaScript 不依赖浏览器，而是由特定的运行环境提供的 JavaScript 引擎解析执行，例如 Node.js。服务器端的 JavaScirpt 应用了核心语法 ECMAScript，但是不操作 DOM 和 BOM。它常常用于做一些在客户端做不到的事情，例如操作数据库、操作文件等。另外，在客户端的 Ajax 操作只能发送请求，而接收请求和做出响应的操作都需要服务器端的 JavaScript 来完成。

简而言之，客户端的 JavaScript 主要用于处理页面的交互，而服务器端的 JavaScript 主要用于处理数据的交互。

2.2.2   Node.js 基础语法

由 2.2.1 小节可知，Node.js 的核心语法是 ECMAScript，因此所有 ECMAScript 语法在 Node.js 环境中都可以使用，例如使用 var 关键字声明变量、使用 function 关键字声明函数等。

在学习 Node.js 之前，以.js 结尾的文件通常被引入网页中，并在浏览器中执行。下面通过例 2-1 来演示在 Node.js 中如何执行一个 JS 脚本文件。

【例 2-1】

（1）创建 C:\code\chapter02\helloworld.js 文件，编写如下代码。

```
console.log('hello world');
```

（2）打开命令行工具，切换到 helloworld.js 文件所在的目录，并输入 "node helloworld.js" 命令，helloworld.js 文件执行结果如图 2-18 所示。

图 2-18　helloworld.js 文件执行结果

从图 2-18 中可以看出，在 helloworld.js 文件所在的目录，使用 node 命令执行该文件，在命令行工具中成功输出了 "hello world"。

通过 node 命令解析和执行一个 JS 脚本文件的步骤如下。

- 根据 node 命令指定的文件名称，读取 JS 脚本文件。
- 解析和执行 JavaScript 代码。
- 将执行后的结果输出到命令行中。

通过以上案例分析，相信读者对 Node.js 已有了初步的体验，后面的章节中将会对 Node.js 的重要功能进行详细介绍。

2.2.3　Node.js 全局对象 global

在之前使用 JavaScript 的过程中，在浏览器中默认声明的变量、函数等都属于全局对象 window，全局对象中的所有变量和函数在全局作用域内都是有效的。例如，使用 console.log() 进行值的输出时，console.log() 属于 window 对象的方法，又因为 window 是全局对象，所以在实际使用中可以省略掉 window。

在 Node.js 代码的运行环境中没有 DOM 和 BOM，因此也就不存在 window 对象，那么例 2-1 helloworld.js 文件中使用的 console.log() 来自于哪里呢？

在 Node.js 中，一个重要的特性就是模块化，默认声明的变量、函数都属于当前文件模块，都是私有的，只在当前模块作用域内可以使用，那么 Node.js 中是否只有模块作用域？答案是否定的，如果想在全局范围内为某个变量赋值，可以应用全局对象 global。Node.js 中的 global 对象类似于浏览器中的 window 对象，用于定义全局命名空间，所有全局变量（除了 global 本身外）都是 global 对象的属性，在实际使用中可以省略 global。

Node.js 中的 global 全局对象包含 console.log()、setTimeout()、clearTimeout()、setInterval()、clearInterval()等方法，可以在任何地方使用。下面通过例 2-2 来演示上述方法在 Node.js 运行环境中的使用。

【例2-2】

（1）创建 C:\code\chapter02\global.js 文件，编写如下代码。

```
1  global.console.log('我是global对象中的console.log()方法');
2  global.setTimeout(() => {
3    console.log('123');
4  }, 2000);
```

上述代码中，第 1 行和第 2 行代码分别调用 console.log()和 setTimeout()方法，在 Node.js 环境下验证这两个方法是否属于 global 对象下的方法。

（2）打开命令行工具，切换到 global.js 文件所在的目录，并输入"node global.js"命令。global.js 文件执行结果如图 2-19 所示。

从图 2-19 的输出结果可以看出，global 对象包含 console.log()和 setTimeout()方法。

图 2-19　global.js 文件执行结果

2.3　初识模块化开发

模块化是软件的一种开发方式，利用模块化可以把一个非常复杂的系统结构细化到具体的功能点，每个功能点看作一个模块，然后通过某种规则把这些小的模块组合到一起，构成模块化系统。下面将详细讲解为什么使用模块化开发和模块化的概念。

2.3.1　传统 JavaScript 开发的弊端

为了便于读者理解为什么要学习模块化开发，首先讲解传统浏览器端 JavaScript 在使用时存在的文件依赖和命名冲突两大问题，从而引出学习模块化开发的优势。

1. 文件依赖

在 JavaScript 中文件的依赖关系是由文件的引入先后顺序决定的。在开发过程中，一个页面可能需要多个文件依赖，但是仅从代码上看不出来各个文件之间的依赖关系，这种依赖关系存在不确定性。如果更改文件的引入先后顺序，就很有可能导致程序错误。

下面通过代码进行演示，示例代码如下。

```
<!DOCTYPE html>
<html>
<head>
  <meta charset="UTF-8">
  <title>文件依赖</title>
</head>
```

```
<body>
  <script src="./ccc.js"></script>
  <script src="./a.js"></script>
  <script src="./b.js"></script>
  <script src="./c.js"></script>
  <script src="./d.js"></script>
  <script src="./aaa.js"></script>
</body>
</html>
```

上述代码中，假如 ./aaa.js 是依赖于 ./a.js 文件的，从代码上并不能看出这样的关系。如果将 ./aaa.js 与 ./a.js 的前后位置调换，或者删除 ./a.js 文件，就会导致程序错误。

而在模块化开发中，不需要人为维护文件与文件之间的依赖关系，在文件内部有明确的代码来通知当前文件的依赖关系，不需要将所有的文件引入到 HTML 文件中。

2. 命名冲突

在 JavaScript 中，文件与文件之间是完全开放的，并且语法本身不严谨，如果在后续引入的文件中声明了一个同名变量，则后面文件的变量会覆盖前面文件中的同名变量，这样会导致程序存在潜在的不确定性。

在多人协作开发应用，或者使用第三方开发的 JavaScript 库的时候，假如在 a.js 文件中声明了一个变量 foo，其值为 bar，在后续引入的 b.js 文件中也声明了一个同名变量 foo，其值为 baz，当两者一同使用的时候，后加载的变量值会替换之前的值，从而造成错误。

模块化开发的优点在于可以解决上述问题，让开发人员能很好地与他人协同，方便进行代码复用。

2.3.2　模块化的概念

为了便于读者理解模块化的概念，先来看一个现实生活中的模块化的例子，例如手机的模块化，如图 2-20 所示。

从图 2-20 可以看出，手机分为多个模块，当某个模块损坏时可以单独替换，也可以分模块进行手机升级。反之，如果手机是一体机，某个部件损坏了就要直接把手机换掉，这样会使成本增大很多。

图 2-20　手机的模块化

从生产角度来看，模块化是一种生产方式，这种生产方式体现了以下两个特点。

（1）生产效率高：灵活架构，焦点分离；多人协作互不干扰；方便模块间组合、分解。

（2）维护成本低：可分单元测试；方便单个模块功能调试、升级。

现在已经对现实生活中的模块化有了了解，其实在程序中也有很多模块化的例子，例如程序中的常见的日期模块（Date）、数学计算模块（Math）、日志模块、登录认证模块、报表展示模块等，所有模块组成一个软件。

软件中的模块化开发是指一个功能就是一个模块，多个模块可以组成完整应用，抽离一个模块不会影响其他功能的运行。程序模块化与现实生活中的模块化相似，从程序开发角度来看，模块化是一种开发模式，也有以下两个特点。

（1）开发效率高：方便代码重用，别人开发好的模块功能可以直接使用，不需要重复开发类似的功能。

（2）维护成本低：软件开发周期中，由于需求经常发生变化，最长的阶段并不是开发阶段，而是维护阶段，使用模块化开发的方式更容易维护。

2.4   模块成员的导入和导出

前面已学习了模块化开发的优势和模块化的概念，在模块化开发中，一个 JavaScript 文件就是一个模块，模块内部定义的变量和函数默认情况下在外部无法得到。下面对 Node.js 模块成员的导入和导出进行详细讲解。

2.4.1   exports 和 require()

Node.js 为开发者提供了一个简单的模块系统，其中 exports 是模块公开的接口，require()用于从外部获取一个模块的接口，即获取模块的 exports 对象。若想在一个文件模块中获取其他文件模块的内容，首先需要使用 require()方法加载这个模块，在被加载的模块中使用 exports 或者 module.exports 对象对外开放的变量、函数等，require()函数的作用是加载文件并获取该文件中的 module.exports 对象接口。

下面通过例 2-3 来演示如何在 Node.js 中进行模块成员的导入和导出。

【例 2-3】

（1）创建 C:\code\chapter02\demo01 目录，在该目录下创建 info.js 文件作为被加载模块，编写如下代码。

```
1  const add = (n1, n2) => n1 + n2;
2  exports.add = add;
```

上述代码中，第 1 行代码声明了一个 add()函数用于实现加法功能，该函数有 n1 和 n2 两个参数，在函数体中返回 n1 和 n2 相加的结果；第 2 行代码使用 exports 对象向模块外开放 add()函数，其中等号左侧的 add 表示 exports 对象的属性名，等号右侧的 add 是实现的 add()函数。

（2）在 demo01 目录下新建 b.js 文件，实现在 b.js 模块中导入 info.js 模块，编写如下代码。

```
1  const info = require('./info');      // 模块导入时，模块的后缀.js 是可以省略的
2  console.log(info.add(10, 20));       // 30
```

上述代码中，第 1 行代码使用 require()方法加载 info.js 模块，因为 info.js 和 b.js 在同一个目录

下，所以使用相对路径加 "./" 表示该模块在当前目录下。加载完毕后返回一个 exports 对象，在该对象中包含了所加载模块对外开放的函数、变量、对象等。第 2 行代码使用 console.log() 输入模块中函数的值。

（3）打开命令行工具，切换到 b.js 文件所在的目录，并输入 "node b.js" 命令，b.js 文件执行结果如图 2-21 所示。

图 2-21　b.js 文件执行结果

通过例 2-3，可以总结出 Node.js 的模块化开发的步骤，具体如下。

（1）通过 exports 对象对模块内部的成员进行导出操作。

（2）通过 require() 方法对依赖的模块进行导入操作。

2.4.2　module.exports

在 Node.js 的模块化开发中，有两种方式可以导出模块成员，上述 exports 就是其中一种方式，另一种方式是使用 module.exports 导出模块成员。

下面通过例 2-4 来演示如何使用 module.exports 导出模块成员。

【例 2-4】

（1）创建 C:\code\chapter02\demo02 目录，在该目录下创建 info.js 文件作为被加载模块，编写如下代码。

```
1  const greeting = name => `hello ${name}`;
2  module.exports.greeting = greeting;
```

上述代码中，第 1 行代码声明了一个 greeting() 函数，该函数用于实现打招呼功能，它的值是一个函数，该函数有一个 name 参数，在函数体中返回 `hello ${name}`。第 2 行代码使用 module.exports 对象向模块外开放 greeting() 函数，其中等号左侧的 greeting 表示 module.exports 对象的属性名，等号右侧的 greeting 是实现的 greeting() 函数。

（2）在 demo02 目录下新建 a.js 文件，实现在 a.js 模块中导入 info.js 模块，编写如下代码。

```
1  const a = require('./info');   // 模块导入时，模块的后缀 .js 是可以省略的
2  console.log(a.greeting('zhangsan'));
```

上述代码中，第 1 行代码使用 require() 方法加载 info.js 模块，因为 info.js 和 a.js 在同一个目录下，因此使用相对路径加 "./" 表示该模块在当前目录下。加载完毕后返回一个 module.exports 对象，在该对象中包含了所加载模块对外开放的函数、变量、对象等。第 2 行代码使用 console.log() 输入模块中函数的值。

（3）打开命令行工具，切换到 a.js 文件所在的目录，并输入 "node a.js" 命令，a.js 文件执行结果如图 2-22 所示。

图 2-22　a.js 文件执行结果

2.4.3　exports 和 module.exports 的区别

由 2.4.1 小节和 2.4.2 小节可知，exports 和 module.exports 都可以对外开放变量或函数，那么它们之间有什么区别？为了让开发者使用起来更方便，Node.js 提供了 exports 对象，它是 module.exports 对象的别名（地址引用关系）。例如，module.exports 对象初始值为一个空对象 "{}"，所以 exports 对象初始值也是空对象 "{}"。虽然 exports 对象和 module.exports 对象都可以向模块外开放变量和函数，但是在使用上 module.exports 对象可以单独定义返回数据的类型，而 exports 对象只能返回一个 object 对象。

当 exports 和 module.exports 指向两个不同对象时，导出对象最终以 module.exports 对象的导出为准。

为了让读者更好地理解 exports 对象和 module.exports 对象的区别，下面我们通过案例进行讲解。

1. 指向同一个对象

下面通过案例来演示 exports 和 module.exports 指向同一个对象的情况，具体实现步骤如例 2-5 所示。

【例 2-5】

（1）创建 C:\code\chapter02\demo03 目录，在该目录下创建 info.js 文件作为被加载模块，编写如下代码。

```
1  const greeting = name => `hello ${name}`;
2  const x = 100;
3  exports.x = x;
4  module.exports.greeting = greeting;
```

上述代码中，第 3 行代码使用 exports 对象导出 x 常量；第 4 行代码使用 module.exports 对象导出 greeting() 函数。

（2）在 demo03 目录下新建 a.js 文件，实现在 a.js 模块中导入 info.js 模块，编写如下代码。

```
1  const a = require('./info');
2  console.log(a);
```

上述代码中，第 1 行代码使用 require() 方法加载 info.js 模块，并使用 a 常量去接收模块的返回值；第 2 行代码使用 console.log() 输出 a 的值。

（3）打开命令行工具，切换到 a.js 文件所在的目录，并输入 "node a.js" 命令，执行结果如图 2-23 所示。

图 2-23　例 2-5 执行结果

从图 2-23 中可以看出，输出的对象中同时包含了 x 常量和 greeting() 函数，这就说明当 exports 和 module.exports 指向同一个对象时，以下两种写法是等价的，示例代码如下。

```
exports.属性名 = 属性值;
module.exports.属性名 = 属性值;
```

2. 指向不同对象

下面通过案例演示 exports 和 module.exports 指向不同对象时的情况，具体实现步骤如例 2-6 所示。

【例 2-6】

（1）创建 C:\code\chapter02\demo04 目录，在该目录下创建 info.js 文件作为被加载模块，编写如下代码。

```
1  const greeting = name => `hello ${name}`;
2  const x = 100;
3  exports.x = x;
4  exports.greeting = greeting;
5  module.exports = {
6    name: 'zhangsan',
7  };
```

上述代码中，第 5~7 行代码使用 module.exports 重新指向一个属性名为 name，值为 zhangsan 的对象。

（2）在 demo04 目录下新建 a.js 文件，实现在 a.js 模块中导入 info.js 模块，编写如下代码。

```
1  const a = require('./info');
2  console.log(a);
```

上述代码中，第 1 行代码使用 require()方法加载 info.js 模块，并使用 a 常量去接收模块的返回值；第 2 行代码使用 console.log()输出 a 的值。

（3）打开命令行工具，切换到 a.js 文件所在的目录，并输入 "node a.js" 命令，执行结果如图 2-24 所示。

从图 2-24 中可以看出，输出的结果为 { name: 'zhangsan' }，这说明当 exports 和 module.exports 指向不同对象时，以 module.exports 对象的导出结果为准。

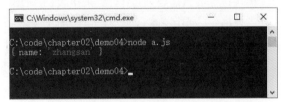

图 2-24　例 2-6 执行结果

2.4.4　ES6 中的 export 和 import

ES6 提供了一种通用的模块化语法，可以在浏览器端和服务器端使用。ES6 模块化语法使用 import 关键字导入模块成员，使用 export 关键字导出模块成员。下面对 export 关键字和 import 关键字分别进行讲解。

1. export 关键字

export 关键字能够将当前模块中的私有成员暴露出来，供其他模块使用。模块导出包括模块默认导出和模块按需导出，下面分别讲解。

使用 export default 来实现模块的默认导出，基本语法如下。

```
let s1 = 'aaa';
export default {
  s1
```

```
};
```

上述代码定义 s1 变量的值为'aaa'字符串，并使用 export default 关键字导出模块对象中的 s1 变量。

需要注意的是，在当前模块中只允许使用一次 export default 关键字，否则会报错。如果模块没有被导出，会默认导出一个空对象。

使用 export 关键字来实现模块成员的按需导出，基本语法如下。

```
export let s1 = 'aaa';
export function say(){};
```

上述代码中，在定义 s1 变量和 say()函数的关键字前面使用 export 关键字表示按需导出。

需要注意的是，在当前模块中模块成员的按需导出可以使用多次。

2. import 关键字

import 关键字能够在当前模块中引入其他的模块，并在当前模块中使用其他模块中的模块成员。模块导入包括模块默认导入和模块按需导入，下面分别讲解。

模块默认导入需要通过合法的名称来接收，基本语法如下。

```
import 接收名称 from '模块路径地址';
```

▌▌ 小提示：

合法的接收名称的第一个字符可以是字母、下画线和美元符号，但是不能与 JavaScript 中用于其他目的关键字同名。

模块按需导入需要通过{}对象来接收，{}对象中的接收名称要与按需导出的模块成员名称保持一致。在{}中，使用多个接收名称可以引入多个模块成员，基本语法如下。

```
import { s1,s2… } from '模块路径地址';
```

上述代码中，s1、s2 用于表示按需导入的模块成员名称。

当只想单纯执行某个模块中的代码时，并不需要得到模块中向外暴露的成员。这时可以直接导入模块并执行，示例代码如下。

```
import '模块路径地址';
```

2.5　Node.js 系统模块

目前，很多开发语言（如 Java、C++、PHP 等）都可以进行文件操作，这让使用 JavaScript 语言的前端开发人员十分羡慕，因为原生的 JavaScript 语言无法操作文件。于是，Node.js 为前端开发人员提供了一组文件操作 API，解决了前端开发文件操作的问题。Node.js 运行环境提供的 API 都是以模块化的方式进行开发的，所以也把 Node.js 运行环境提供的 API 称为系统模块。Node.js 运行环境提供了很多系统模块，每一个系统模块中都具有特定功能。下面将对 Node.js 中的文件操作 API 进行详细讲解。

2.5.1　使用 fs 模块进行文件操作

Node.js 的文件操作 API 由 fs（File System）模块提供，fs 模块是 Node.js 的核心模块，不用额

外安装就可以使用。它提供了 fs.readFile()（读取文件 API）、fs.writeFile()（写入文件 API），以及 fs.mkdir()（创建目录的 API）等。下面将对 fs 模块所提供的基本文件操作 API 进行讲解。

1. 模块加载

使用某个模块的 API 之前，首先需要加载这个模块，fs 核心模块的模块标识为 "fs"，所以加载该模块可以使用如下语句。

```
const fs = require('fs');
```

上述代码中，require() 方法中的参数 fs 是指模块的名字，等号左边的 fs 是 require() 方法的返回值，即 fs 模块中的 exports 对象。在这个对象中暴露了一些与文件操作相关的 API。

2. 文件读取

文件读取常用于当客户端访问服务器端的时候，请求一个文件（如 a.txt）时，服务器端需要先在硬盘中找到这个 a.txt 文件，并读取文件的内容，然后将内容返回给客户端。

理解了 fs 模块的加载方式和文件读取的应用场景后，下面讲解如何读取已有的文件，Node.js 中文件读取的语法如下所示。

```
fs.readFile('文件路径/文件名称'[, '文件编码'], callback);
```

上述代码中，readFile() 方法提供了 3 个参数。其中，第 1 个参数表示要读取文件的路径，第 2 个参数使用中括号括起来表示文件编码可以省略，第 3 个参数表示回调函数。

下面通过例 2-7 来演示 Node.js 的文件读取。

【例 2-7】

（1）创建 C:\code\chapter02\demo05 目录，在该目录下创建 a.txt 作为被加载文件，编写如下代码。

```
Hello World
```

（2）在 demo05 目录下，新建 file.js 读取文件，在该文件中编写如下代码。

```
1  // 1.引用 fs 模块
2  const fs = require('fs');
3  // 2.读取 a.txt 文件内容
4  fs.readFile('./a.txt', 'utf8', (err, data) => {
5    console.log(err);        // 输出结果:null
6    console.log(data);       // 输出结果:Hello World
7  });
```

上述代码中，第 4 行代码使用 readFile() 方法读取当前目录下的 a.txt 文件内容，回调函数中有两个参数，第 1 个参数 err 是错误对象，如果 err 值为 null 则表示文件写入正确；第 2 个参数 data 是读取文件后获取的内容。第 5 行代码在命令行中输出 err 的结果。第 6 行代码在命令行中输出 data 的结果。

（3）打开命令行工具，切换到 file.js 文件所在的目录，并输入 "node file.js" 命令，file.js 文件执行结果如图 2-25 所示。

图 2-25　file.js 文件执行结果

从图 2-25 所示的输出结果可以看出，文件读取成功。

3. 文件写入

文件写入操作常用于网站运行的过程中，用于监控网站运行情况，如果程序发生错误，就将该错误写入到错误日志中，以便程序员对错误进行处理。

下面讲解如何写入文件，Node.js 中文件写入的语法如下所示。

```
fs.writeFile('文件路径/文件名称', 'data', callback);
```

上述代码中，writeFile()方法提供了 3 个参数。其中，第 1 个参数表示要写入文件的路径，第 2 个参数表示写入文件的内容，第 3 个参数表示回调函数。

下面通过例 2-8 来演示 Node.js 的文件写入。

【例 2-8】

（1）创建 C:\code\chapter02\demo06 目录，在该目录下创建 writeFile.js 文件并编写如下代码，向 demo.txt 文件中写入内容。

```
1  // 1.引用 fs 模块
2  const fs = require('fs');
3  // 2.在 demo.txt 文件中写入内容
4  fs.writeFile('./demo.txt', '即将要写入的内容', err => {
5    if (err != null) {
6      console.log(err);
7      return;
8    }
9    console.log('文件写入内容成功');
10 });
```

上述代码中，第 4 行代码使用 writeFile()方法向文件中写入内容，第 1 个参数表示要写入的 demo.txt 文件的路径，如果当前目录下不存在 demo.txt 文件，那么这个 API 会自动创建 demo.txt 文件；第 2 个参数是要写入 demo.txt 文件中的内容；第 3 个参数是一个回调函数，它的参数 err 表示错误对象，如果 err 值为 null 则表示文件写入正确；第 5~8 行代码使用 if 语句进行判断，当写入错误时在命令行中输出 err 的结果；第 9 行代码在命令行中输出文件写入成功后的提示信息。

（2）打开命令行工具，切换到 writeFile.js 文件所在的目录，并输入 "node writeFile.js" 命令，writeFile.js 文件执行结果如图 2-26 所示。

从图 2-26 所示的输出结果可以看出，该文件写入内容成功了。同时在 demo06 目录下会创建一个 demo.txt 文件，打开文件会发现有一行文字内容 "即将要写入的内容"。

图 2-26   writeFile.js 文件执行结果

2.5.2   使用 path 模块进行路径操作

在文件操作过程中，除了基本的文件操作外，经常会遇到路径拼接的问题，例如读取一个路径中的文件名部分，获取一个文件中的扩展名部分，把两个不完整的路径拼接成一个完整的路径

等。针对这些路径字符串的操作问题，Node.js 的 Path 模块提供了路径字符操作相关 API，如表 2-1
所示。

表 2-1　路径字符操作相关 API

函数	说明
basename(p[,ext])	获取文件名
dirname(p)	获取文件目录
extname(p)	获取文件扩展名
isAbsolute(path)	判断是否是绝对路径
join([path1][,path2][,...])	拼接路径字符串
normalize(p)	将非标准路径转换为标准路径
sep	获取操作系统的文件路径分隔符

表 2-1 是 Node.js 的 Path 模块提供的与路径字符操作相关的一些 API，Path 为核心模块，模
块标识为 "path"，所以在文件中加载该模块可以使用如下语句。

```
const path = require('path');
```

上述代码使用 require() 方法引入了系统模块 Path。

由于 Path 模块的 API 都比较简单，下面将演示如何在 Windows 系统中使用 path.join() 方法拼
接路径字符串。本案例的具体实现步骤如例 2-9 所示。

【例 2-9】

（1）在 C:\code\chapter02 目录下创建 path.js 文件，在该文件中编写如下代码。

```
1  const path = require('path');
2  const finalPath = path.join('public', 'uploads','avatar');
3  console.log(finalPath);
```

上述代码中，第 2 行代码使用 path.join() 方法拼接 public、uploads、avatar 路径字符串，并使用
finalPath 常量来接收 path.join() 方法返回的结果。

（2）打开命令行工具，切换到 path.js 文
件所在的目录，并输入 "node path.js" 命令，
path.js 文件执行结果如图 2-27 所示。

从图 2-27 所示的输出结果可以看出，
此时已经拼接好了一个路径，因为当前系统
为 Windows，所以使用的是反斜杠 "\" 作为
分隔符进行拼接。

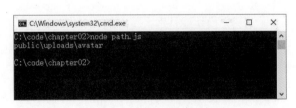

图 2-27　path.js 文件执行结果

▌▌小提示：

不同操作系统的路径分隔符并不是统一的，例如 Windows 系统中分隔符可以使用 "/" 或 "\"，
而 Linux 系统中分隔符只能为 "/"。

▌▌ 多学一招：相对路径和绝对路径

　　在 Node.js 中大多数情况下使用的是绝对路径，因为相对路径有时候相对的是命令行工具的当前工作目录，例如文件读取操作 API。Node.js 中提供了与文件操作相关的全局可用变量 __dirname，__dirname 表示当前文件所在的目录，可以使用 path.join() 和 __dirname 进行路径拼接，从而获取当前文件所在的绝对路径。

　　下面通过例 2-10 来演示 Node.js 中文件路径的获取。

【例 2-10】

　　（1）在 C:\code\chapter02 目录下创建 filename.js 文件并编写如下代码。

```
1  const path = require('path');
2  console.log(__dirname);
3  console.log(path.join(__dirname, 'filename.js'));
```

　　上述代码中，第 2 行代码输出的 __dirname 值表示 filename.js 文件所在的目录；第 3 行代码使用 path.join() 方法拼接路径。

　　（2）打开命令行工具，切换到 filename.js 文件所在的目录，并输入"node filename.js"命令，filename.js 文件执行结果如图 2-28 所示。

图 2-28　filename.js 文件执行结果

2.6　Node.js 第三方模块

　　前面已学习了 Node.js 的核心模块 fs 提供的基础 API 的使用。下面将带领读者学习 Node.js 第三方模块的概念和获取方式，帮助开发者快速进行项目开发。

2.6.1　什么是第三方模块

　　第三方模块就是别人写好的、具有特定功能的、可以直接拿来使用的模块。由于第三方模块通常都由多个文件组成并且被放置在一个目录，所以又称之为包。

　　第三方模块有两种存在形式：第 1 种是以 JS 文件的形式存在，通常都是封装了一些特定的功能，并向外提供实现项目具体功能的 API 供开发者调用，类似于 jQuery；第 2 种是以命令行工具形式存在，提供了一些命令用于快速安装和管理模块，从而辅助项目开发。

2.6.2　获取第三方模块

　　第三方模块是由世界各地的开发者提供的，而这些开发者之间是互不认识的，这会导致无法实现数据的共享。这时就需要一个公共的平台来存储和分发这些模块，因此 npmjs 网站应运而生，这个网站是第三方模块存储和分发的仓库。

　　那么如何在 npmjs 网站中下载模块呢？可以使用 Node.js 的第三方模块管理工具 npm 提供的

命令去下载第三方模块。

npm 的全称是 Node.js package manager。npm 在 Node.js 安装完成时就已经被集成，所以可以通过命令来验证 npm 是否安装成功。

打开命令行工具，在命令行输入"npm – v"命令，按"Enter"键，npm 安装成功效果如图 2-29 所示。

下面通过 npm 工具下载安装第三方模块，命令如下。

```
npm install 模块名称
```

例如，需要安装的第三方包名称为 formidable，就可以在 C:\code\chapter02 根目录下输入命令"npm install formidable"，并按"Enter"键等待安装成功即可（注意安装的过程必须联网）。

formidable 模块安装成功的命令行输出结果如图 2-30 所示。

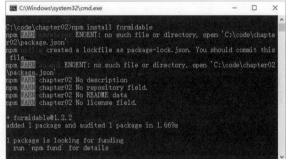

图 2-29　npm 安装成功　　　　　　　图 2-30　formidable 模块安装成功的命令行输出结果

安装成功后，Node.js 会自动在项目的当前根目录下（C:\code\chapter02）创建一个 node_modules 目录，然后把第三方模块自动存放到该目录下，node_modules 目录如图 2-31 所示。

图 2-31　node_modules 目录

从图 2-31 中可以看到，node_modules 目录下有一个 formidable 文件。在 Node.js 中，node_modules 目录专门用于放置第三方模块，目录名和其中的内容都不能修改。

如果在开发中使用第三方模块 formidable，可以在 C:\code\chapter02 目录下的 JS 脚本中通过如下代码来加载 formidable 模块。

```
var formidable = require('formidable');
```

如果不想使用 formidable 模块，可以通过 npm 工具卸载它，命令如下。

```
npm uninstall formidable
```

执行完上述命令后，当前目录下（C:\code\chapter02）的 node_modules 中文件就已经被删除了。

▌ 小提示：

在安装或者卸载第三方模块时，还有本地安装和全局安装的选项。本地安装是指将模块下载到当前项目中，仅供当前项目使用。全局安装是指将模块安装到一个公共的目录中，所有的项目都可以使用这个模块。在实际开发中，通常都会将库文件这种第三方模块进行本地安装，将命令行工具这种第三方模块进行全局安装。在后续的章节中，将会讲解如何将命令行工具进行全局安装。

2.7　Node.js 常用开发工具

npm 提供了常用的开发工具来帮助 Node.js 开发人员提高工作效率。例如，nodemon 工具可以避免文件每次修改后的重新运行，nrm 工具可以快速切换 npm 的下载地址，gulp 工具可以自动处理项目日常任务。下面将详细讲解 nodemon 工具、nrm 工具和 gulp 工具的安装和使用。

2.7.1　nodemon 工具

在 Node.js 中，每次修改文件都要在命令行工具中重新执行该文件。第三方模块 nodemon 解决了这个问题，它是一个用于辅助项目开发的命令行工具，每次保存文件时，代码都会自动运行。

首先通过 npm 工具下载安装 nodemon 工具，命令如下。

```
npm install nodemon -g
```

上述命令中，-g 全称为 global，表示全局安装，而不是安装到当前项目中。

nodemon 工具安装成功的命令行输出结果如图 2-32 所示。

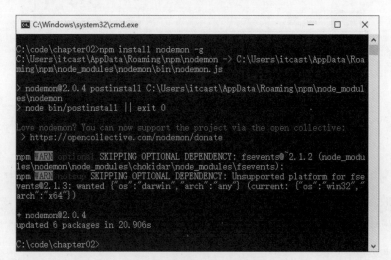

图 2-32　nodemon 工具安装成功

全局安装成功后，就可以在命令行工具中使用 nodemon 命令替代 node 命令执行文件。

为了让读者更好地理解 nodemon 工具的使用，下面通过例 2-11 进行演示。

【例 2-11】

（1）创建 C:\code\chapter02\test.js 文件，编写如下代码。

```
1  for (var i = 0; i < 5; i++) {
2    console.log(i);
3  }
```

保存上述代码，打开命令行工具，切换到 test.js 文件所在的目录，并输入"nodemon test.js"命令，test.js 文件执行结果如图 2-33 所示。

（2）对 test.js 文件进行修改，在原有代码的基础上，编写如下代码，并保存文件。

```
1  // 在原有代码基础上新增
2  console.log('文件被修改了');
```

上述代码对原来的 test.js 文件做了修改，新增了一行代码。

（3）打开命令行工具，此时，test.js 文件执行结果如图 2-34 所示。

图 2-33　test.js 文件执行结果（1）　　　　图 2-34　test.js 文件执行结果（2）

从图 2-34 可以看出，当 test.js 文件被修改后，nodemon 工具会重新执行这个文件。如果在命令行工具中想要执行其他操作，可以按两次"Ctrl+C"组合键来终止当前 nodemon 工具的操作。

2.7.2　nrm 工具

nrm（NPM Registry Manager）是 npm 中的第三方模块下载地址的管理工具，也是一个命令行工具，可以快速切换第三方模块的下载地址。

因为 npm 中的第三方模块默认的下载地址在国外，在国内下载速度比较慢，有失败的可能。所以为了提高下载速度，在国内有一些公司建立了专门的服务器，用于存储 Node.js 第三方模块，例如阿里巴巴公司建立的 registry.npm.taobao.org 服务，它目前每隔 10 分钟就与 npm 官网服务做一次同步，所以可以替代 npm 官方的下载地址。

首先通过 npm 工具下载安装 nrm 工具，命令如下。

```
npm install nrm -g
```

上述命令中，-g 全称为 global，表示全局安装，如果是在本地安装则不需要使用-g。

nrm 安装成功的命令行输出结果如图 2-35 所示。

在安装成功后，可以在命令行通过 nrm ls 命令查询可用的下载地址列表，如图 2-36 所示。

图 2-35　nrm 安装成功　　　　　　　　图 2-36　下载地址列表

从图 2-36 可以看出，nrm 提供了很多下载地址，一般会选择使用 taobao 的下载地址。"*"代表 npm 当前默认的下载地址。

下面可以在命令行通过 nrm use 命令切换下载地址。例如，使用 nrm use taobao 命令将下载地址切换为 taobao 所对应的下载地址，如图 2-37 所示。

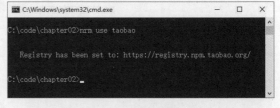

图 2-37　切换下载地址

2.7.3　gulp 工具

gulp 是用 JavaScript 语言编写的运行在 Node.js 平台开发的前端构建工具。gulp 是一个 JavaScript 程序，并且它的指令使用的也是 JavaScript 语言，所以 gulp 通常是前端开发人员自动处理日常任务的首选工具。

gulp 可以处理日常工作流产生的任务，例如项目上线时对 HTML、CSS、JavaScript 文件合并、压缩，或者将 ES6 语法转换为 ES5 语法以便代码在较旧的浏览器中运行。它允许开发者将机械化的操作编写成任务，在命令行输入相关的任务名称就能执行机械化操作，从而提高开发效率。

gulp 通常包括以下内容。

- gulp-cli：启动构建工具的命令行接口。
- 本地 gulp：构建时实际运行的程序。
- gulpfile.js：告诉 gulp 如何构建软件的指令文件。
- gulp 插件：用于合并、压缩、修改文件的插件。

在了解 gulp 的作用后，下面将对 gulp 的安装和 gulp 的项目构建进行详细讲解。

1. 全局安装 gulp-cli

gulp-cli 是 gulp 的命令行工具，它需要全局安装，以便 gulp 能够在命令提示符中直接运行。gulp-cli 是本地 gulp 的全局入口，负责把所有参数转发到本地 gulp，以及显示项目里安装的本地 gulp 的版本。全局 gulp 用于启动各个项目中的本地 gulp，换句话说，如果在全局安装了 gulp-cli，那么就可以在不同的项目中使用不同的 gulp 版本。

首先通过 npm 工具下载安装 gulp-cli 工具，命令如下。

```
npm install gulp-cli@2.3.0 -g
```

上述代码中，-g 参数全称为 global，作用是让 npm 全局安装这个包，等到安装完成后，就可以运行新命令 gulp 了；@2.3.0 表示全局 gulp-cli 的版本。

打开命令行工具，运行"gulp -v"命令，如果 gulp-cli 安装成功，则命令行输出结果如图 2-38 所示。

从图 2-38 可以看出，当前系统中成功安装了 gulp-cli。gulp-cli 版本显示为全局安装的版本。

图 2-38　gulp-cli 安装成功

2. 在项目中安装 gulp

本地 gulp 的作用是加载和运行 gulpfile（gulpfile.js）中的构建指令，另一个作用是暴露 API 供 gulpfile 使用。本地 gulp 位于本地项目的 node_modules 目录下，包含了 gulpfile 所需的所有函数和 API。

下面在 C:\code\chapter02 目录下创建 demo07 文件作为项目根目录，具体实现步骤如例 2-12 所示。

【例 2-12】

在 demo07 目录下，打开 cmd 命令行工具，执行命令。

（1）使用 npm 初始化项目，命令如下。

```
npm init
```

执行上述命令后,在命令符窗口中会出现一系列系统询问,在这里直接使用默认值,按"Enter"键即可。完成之后，该命令会创建一个 package.json 新文件，该文件保存了项目的所有 Node.js 模块信息和版本。

（2）局部安装 gulp。

```
npm install gulp@4.0.2 --save-dev
```

执行上述命令后，会在项目根目录中生成一个 node_modules 目录和 package-lock.json 文件。其中，--save-dev 表示将 gulp 作为 devDependencies（开发依赖）保存到 package.json 文件中，这是因为项目上线时不需要这个包，所以把它安装到了开发依赖中。项目依赖的内容会在后文中详细讲解，在这里只需明白开发依赖的含义即可。

安装完成后，再次在命令行工具中运行"gulp -v"命令，检查 gulp 版本，命令行输出结果如图 2-39 所示。

从图 2-39 中可以看出，gulp-cli 识别出了本地的 gulp。

至此，gulp 和 gulp-cli 都已安装完成，下一步就可以构建项目了。

3. 构建项目

（1）安装成功后，在 demo07 项目根目录下建立 gulpfile.js 文件，注意这个文件名不能随意更改。

（2）重构项目的目录结构，demo07 目录结构如图 2-40 所示。

图 2-39　检查 gulp 版本　　　　　　　　　图 2-40　demo07 目录结构

图 2-40 中，src 目录放置源代码文件，dist 目录放置构建后文件。其他文件先不用过于关注，因为这里仅是测试任务是否可以成功执行。

（3）在 gulpfile.js 文件中编写构建项目的任务，代码如下。

```
1  // 引用 gulp 模块
2  const gulp = require('gulp');
3  // 使用 gulp.task()方法建立任务
4  gulp.task('first', callback => {
5    console.log('第一个 gulp 任务执行了')
6    // 使用 gulp.src()获取要处理的文件
7    gulp.src('./src/css/base.css')
8      // 将处理后的文件输出到 dist 目录
9      .pipe(gulp.dest('dist/css'));
10   callback();
11 });
```

上述代码中，考虑到 gulp 4.0 版本不再支持同步任务，因此在调用 task()方法时，使用 callback 回调函数来表明函数完成。gulp.task()方法有 2 个参数，第 1 个 first 为当前建立的任务名称，第 2 个参数是回调函数 callback。gulp.src()方法获取要处理的文件，gulp.dest()方法可以把文件保存在特定的目录下，pipe()函数只是对文件处理的结果进行了包装，并不会直接操作文件。实际上该操作是将 C:\code\chapter02\demo07\src\css 目录下的 base.css 文件复制到 C:\code\chapter02\demo07\dist\css 目录下。

（4）在命令行工具中执行 gulp 任务。

打开命令行工具，输入以下命令，运行已定义的 first 任务。

```
gulp first
```

上述代码中，gulp 命令后跟 first 任务名，表示 gulp 命令会自动去当前的项目根目录下查找

gulpfile.js 文件，然后在这个文件中再去查找 first 任务，找到后自动执行 first 任务的回调函数。

执行完上述命令，first 任务的运行结果如图 2-41 所示。

从图 2-41 可以看出，命令行中显示了一些提示，Using gulpfile 表示使用 gulpfile.js 文件；Starting 'first'表示开始执行 first 任务；Finished 'first' after 表示结束这个任务，最后会在命令行返回当前目录。

图 2-41　first 任务的运行结果

上述命令执行成功后，会在 C:\code\chapter02\demo07\dist\css 目录下看到已经被复制的 base.css 文件。

多学一招：gulp API 中的常用方法

gulp 提供了一些 API 用于编写任务，gulp API 的常用方法如表 2-2 所示。

表 2-2　gulp API 的常用方法

方法	说明
gulp.src()	获取任务要处理的文件
gulp.dest()	输出文件
gulp.task()	建立 gulp 任务
gulp.watch()	监控文件的变化

2.8　在项目中使用 gulp

gulp 第三方模块仅提供了一些常用的方法，使用这些方法只能实现一些基础操作，例如获取文件和输出文件操作。如果想在 gulp 中处理文件的合并、压缩等操作，就需要通过插件来实现。下面将详细讲解 gulp 中常用插件的使用。此外，在本书配套的资源中提供了完整的代码，读者可以配合源代码来进行学习。

2.8.1　gulp 中的常用插件

gulp 中提供了很多插件，常用插件如表 2-3 所示。

表 2-3　gulp 常用插件

插件	说明
gulp-htmlmin	压缩 HTML 文件
gulp-csso	压缩优化 CSS

插件	说明
gulp-babel	JavaScrtipt 语法转换
gulp-less	Less 语法转换
gulp-sass	Sass 语法转换
gulp-uglify	压缩混淆 JavaScript 文件
gulp-file-include	公共文件包含
browsersync	浏览器时间实时同步

插件的使用通常分为 3 步：下载、引用和调用插件，需要注意的是在引用插件之前，一定要先引用 gulp 模块。

为了便于读者理解 gulp 常用插件的具体使用，在后面的小节中，将接着在 C:\code\chapter02\demo07\gulpfile.js 文件中编写代码进行演示。

2.8.2　压缩并抽取 HTML 中的公共代码

下面通过 gulp-htmlmin 插件和 gulp-file-include 插件演示如何将 HTML 文件中的代码进行压缩，并抽取 HTML 文件中的公共代码，最终将处理的结果输出到 dist 目录下，操作步骤如下。

（1）在 C:\code\chapter02\demo07 下，通过 npm 工具下载安装 gulp-htmlmin 插件，命令如下。

```
npm install gulp-htmlmin
```

gulp-htmlmin 插件安装成功的命令行输出结果如图 2-42 所示。

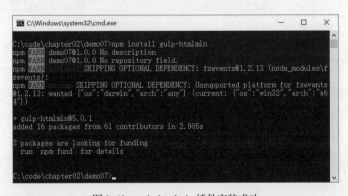

图 2-42　gulp-htmlmin 插件安装成功

（2）在 gulpfile.js 文件中引用 gulp-htmlmin 插件。

```
const htmlmin = require('gulp-htmlmin');
```

（3）在 gulpfile.js 文件中调用 gulp-htmlmin 插件，实现对 HTML 文件中代码的压缩，示例代码如下。

```
1  gulp.task('htmlmin', (callback) => {
2    gulp.src('./src/*.html')
3      // 压缩 html 文件中的代码
```

```
4        .pipe(htmlmin({ collapseWhitespace: true }))
5        .pipe(gulp.dest('dist'));
6        callback();
7    });
```

上述代码中，通过 gulp.task() 创建一个 htmlmin 任务，然后在回调函数中使用 gulp.src() 方法获取 src 目录下的所有 HTML 文件，*.html 中的 * 是通配符。然后调用 htmlmin() 方法，collapseWhitespace: true 表示在压缩 HTML 文件中的代码时需要压缩空格，如果为 false 则表示不压缩空格。最后使用 gulp.dest() 方法将文件保存到 dist 目录中。

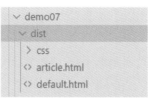

（4）打开命令行工具，切换到 demo07 目录，运行命令 "gulp htmlmin"。gulp 任务执行成功后，打开项目下的 dist 目录，可以看到压缩后的 article.html 文件和 default.html 文件，然后打开这两个文件，可以看到压缩后的代码。dist 目录结构如图 2-43 所示。

图 2-43　dist 目录结构

至此，成功实现了对 HTML 文件中代码的压缩，下一步将要完成对 HTML 文件中公共代码的抽取操作。

（5）在 demo07 目录下，通过 npm 工具下载安装 gulp-file-include 插件，命令如下。

```
npm install gulp-file-include
```

gulp-file-include 插件安装成功的命令行输出结果如图 2-44 所示。

图 2-44　gulp-file-include 插件安装成功

（6）在 gulpfile.js 文件中引用 gulp-file-include 插件。

```
const fileinclude = require('gulp-file-include');
```

（7）在 gulpfile.js 文件中调用 gulp-file-include 插件，抽取 HTML 中的公共代码，示例代码如下。

```
1  gulp.task('htmlmin', (callback) => {
2    gulp.src('./src/*.html')
3      // 抽取 HTML 文件中的公共代码
4      .pipe(fileinclude())
5      // 压缩 HTML 文件中的代码
6      .pipe(htmlmin({ collapseWhitespace: true }))
7      .pipe(gulp.dest('dist'));
```

```
8    callback();
9  });
```

上述代码调用 fileinclude()方法，完成对 HTML 文件公共代码的抽取。

（8）在 demo07\src 目录下新建 common 目录，然后在 common 目录下创建 header.html 文件，并把头部的公共代码粘贴到 header.html 文件中，详细代码请参考配套源代码。

（9）把 demo07\src 目录下的 default.html 文件和 article.html 文件的头部代码删除掉，修改为如下代码。

```
@@include('./common/header.html')
```

上述代码中，@@include()语法是由 gulp-file-include 插件提供的，小括号中是代码片段的路径和文件的名字。

（10）打开命令行工具，切换到 demo07 目录，再次运行命令"gulp htmlmin"。gulp 任务执行成功后，打开 dist 目录下的 default.html 文件和 article.html 文件，查看代码会发现这两个文件中都包含有 header 部分代码。

2.8.3　压缩并转换 Less 语法

下面通过 gulp-less 插件和 gulp-csso 插件演示如何将 CSS 文件使用的 Less 语法转换为 CSS 语法，并压缩 CSS 文件中的代码，最终将处理的结果输出到 dist 目录下的 css 目录中，操作步骤如下。

（1）在 C:\code\chapter02\demo07 下，通过 npm 工具下载安装 gulp-less 插件，命令如下。

```
npm install gulp-less
```

gulp-less 插件安装成功的命令行输出结果如图 2-45 所示。

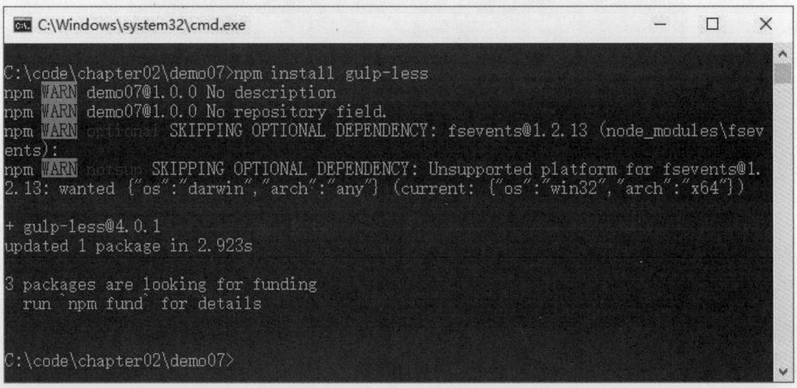

图 2-45　gulp-less 插件安装成功

（2）在 gulpfile.js 文件中引用 gulp-less 插件。

```
const less = require('gulp-less');
```

（3）在 gulpfile.js 文件中调用 gulp-less 插件，实现将 Less 语法转换为 CSS 语法，示例代码如下。

```
1 gulp.task('cssmin', (callback) => {
```

```
2    // 选择 css 目录下的所有 .less 文件
3    gulp.src('./src/css/*.less')
4      // 将 Less 语法转换为 CSS 语法
5      .pipe(less())
6      // 将处理的结果输出
7      .pipe(gulp.dest('dist/css'))
8    callback();
9  });
```

上述代码中，通过 gulp.task() 创建一个 cssmin 任务，然后在回调函数中使用 gulp.src() 方法获取 src 中 css 目录下的所有 .less 文件。然后调用 less() 方法完成对 .less 文件的转换。最后使用 gulp.dest() 方法将文件保存到 dist 下的 css 目录中。

（4）在 demo07\src\css 目录下，新建需要编译的 a.less 文件，编写如下代码。

```
1  .headers {
2    width: 100px;
3    .logo {
4      height: 200px;
5      background-color: red;
6    }
7  }
```

上述代码使用 Less 语法提供的嵌套规则编写 CSS 代码。

（5）打开命令行工具，切换到 demo07 目录，运行命令 "gulp cssmin"。gulp 任务执行成功后，打开项目下的 dist 目录，然后打开 css 目录就可以看到 css 目录下新建了一个同名的 a.css 文件。a.css 文件代码如下。

```
1  .headers {
2    width: 100px;
3  }
4  .headers .logo {
5    height: 200px;
6    background-color: red;
7  }
```

从 a.css 文件的代码可以看出，gulp-less 插件已经成功将 Less 语法转换成了 CSS 语法。

至此，成功实现了 Less 语法的转换，下一步将要完成对 CSS 文件中代码的压缩操作，即需要对 C:\code\chapter02\demo07\src\css 目录下的全部文件进行压缩，然后输出，css 目录结构如图 2-46 所示。

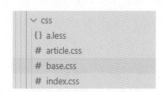

图 2-46　css 目录结构

从图 2-46 中可以看出，css 目录下有 .less 文件和 .css 文件，那么如何同时获取这两种类型的文件并对其进行压缩呢？可以将 gulp.src(' 路径 ') 中的字符串改成数组的形式，示例代码如下。

```
gulp.src(['./src/css/*.less', './src/css/*.css'])
```

上述代码可以同时选择 css 目录下的所有 .less 文件和 .css 文件。

（6）在 demo07 目录下，通过 npm 工具下载安装 gulp-csso 插件，对 CSS 代码进行压缩，命令如下。

```
npm install gulp-csso
```

gulp-csso 插件安装成功的命令行输出结果如图 2-47 所示。

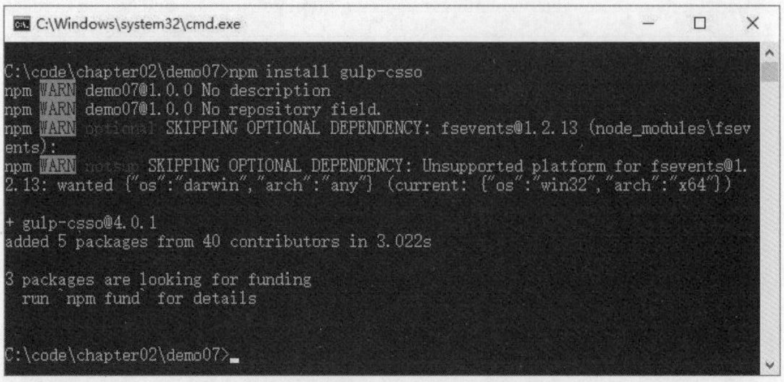

图 2-47　gulp-csso 插件安装成功

（7）在 gulpfile.js 文件中引用 gulp-csso 插件。

```
const csso = require('gulp-csso');
```

（8）在 gulpfile.js 文件中调用 gulp-csso 插件，对 CSS 代码进行压缩，示例代码如下。

```
1  gulp.task('cssmin', (callback) => {
2    // 选择 css 目录下的所有.less 文件以及.css 文件
3    gulp.src(['./src/css/*.less', './src/css/*.css'])
4      // 将 Less 语法转换为 CSS 语法
5      .pipe(less())
6      // 将 CSS 代码进行压缩
7      .pipe(csso())
8      // 将处理的结果输出
9      .pipe(gulp.dest('dist/css'))
10   callback();
11 });
```

上述代码调用 less()方法，完成对 CSS 代码的压缩。

（9）打开命令行工具，切换到 demo07 目录，运行命令"gulp cssmin"。gulp 任务执行成功后，打开项目下的 dist 目录，然后打开 css 目录就可以看到当前 css 目录结构，如图 2-48 所示。

此时，打开 css 目录下的 a.css 文件，会发现代码已经被压缩了，示例代码如下。

```
.headers{width:100px}.headers .logo{height:20
0px;background-color:red}
```

图 2-48　gulp 任务执行成功后的 css 目录结构

2.8.4　压缩并转换 ES6 语法

下面通过 gulp-babel 插件和 gulp-uglify 插件演示如何将 JavaScript 中 ES6 语法转换，并压缩 JavaScript 文件中的代码，最终将处理的结果输出到 dist 目录下的 js 目录中，操作步骤如下。

（1）在 C:\code\chapter02\demo07 目录下，通过 npm 工具下载安装 gulp-babel 插件及它的依赖模块，实现 ES6 语法的转换，安装命令如下。

```
npm install gulp-babel @babel/core @babel/preset-env
```

上述命令中，gulp-babel 后面@部分表示它所依赖的插件。

gulp-babel 插件安装成功的命令行输出结果如图 2-49 所示。

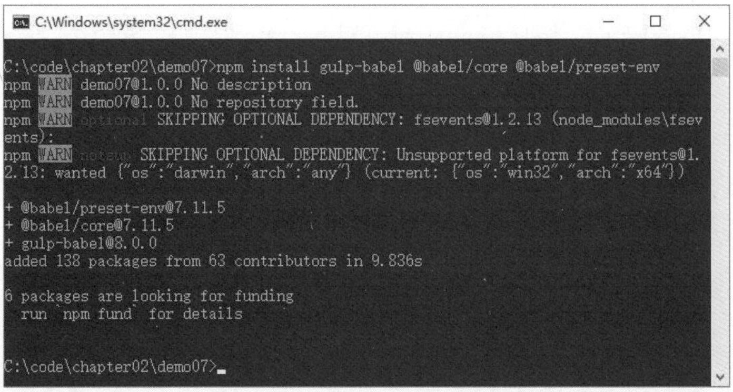

图 2-49　gulp-babel 插件安装成功

（2）在 gulpfile.js 文件中引用 gulp-babel 插件。

```
const babel = require('gulp-babel');
```

（3）在 gulpfile.js 文件中调用 gulp-babel 插件，实现 ES6 语法的转换，示例代码如下。

```
1  gulp.task('jsmin', (callback) => {
2    // 选择 js 目录下的所有 JavaScript 文件
3    gulp.src('./src/js/*.js')
4      .pipe(babel({
5        // 判断当前代码的运行环境，将代码转换为当前运行环境所支持的代码
6        presets: ['@babel/env']
7      }))
8      .pipe(gulp.dest('dist/js'));
9    callback();
10 });
```

上述代码中，通过 gulp.task()创建一个 jsmin 任务，然后调用 babel()方法完成对 ES6 语法的转换。最后使用 gulp.dest()方法将文件保存到 dist 目录下的 js 目录中。

（4）在 demo07\src\js 目录下，新建需要编译的 JavaScript 文件（如 base.js 文件），编写如下代码。

```
1  const x = 100;
2  let y = 200;
3  const fn = () => {
4    console.log(1234);
5  };
```

上述代码使用 ES6 语法编写代码。

（5）打开命令行工具，切换到 demo07 目录，运行命令"gulp jsmin"。gulp 任务执行成功后，打开项目下的 dist 目录，然后打开 js 目录就可以看到 js 目录下新建了一个同名的 base.js 文件。base.js

文件代码如下。

```
1  "use strict";
2  var x = 100;
3  var y = 200;
4  var fn = function fn() {
5    console.log(1234);
6  };
```

从 base.css 文件的代码可以看出，gulp-babel 插件已经成功将 ES6 语法转换成了 ES5 语法。

至此，成功实现了 ES6 语法的转换，下一步将要完成对 JavaScript 文件中的代码的压缩操作。也就是需要对 C:\code\chapter02\demo07\src\js 目录下的全部文件进行压缩，然后输出。那么如何对 JavaScript 文件进行压缩呢？可以使用 gulp-uglify 插件来完成。

（6）在 demo07 目录下，通过 npm 工具下载安装 gulp-uglify 插件，命令如下。

```
npm install gulp-uglify
```

gulp-uglify 插件安装成功的命令行输出结果如图 2-50 所示。

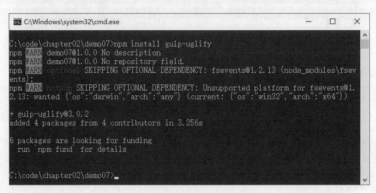

图 2-50　gulp-uglify 插件安装成功

（7）在 gulpfile.js 文件中引用 gulp-uglify 插件。

```
const uglify = require('gulp-uglify');
```

（8）在 gulpfile.js 文件中调用 gulp-uglify 插件，对 JavaScript 代码进行压缩，示例代码如下。

```
1  gulp.task('jsmin', (callback) => {
2    // 选择 js 目录下的所有 JavaScript 文件
3    gulp.src('./src/js/*.js')
4      .pipe(babel({
5        // 判断当前代码的运行环境，将代码转换为当前运行环境所支持的代码
6        presets: ['@babel/env']
7      }))
8      .pipe(uglify())
9      .pipe(gulp.dest('dist/js'));
10   callback();
11 });
```

上述代码调用 uglify() 方法，完成对 JavaScript 代码的压缩。

（9）打开命令行工具，切换到 demo07 目录，运行命令"gulp jsmin"。gulp 任务执行成功后，打开项目下的 dist 目录，然后打开 js 目录就可以看到当前 js 目录下的 base.js 文件被压缩了，示例

代码如下。

```
"use strict";var x=100,y=200,fn=function(){console.log(1234)};
```

2.8.5　复制目录

上述操作在 gulpfile.js 文件中成功编写了 HTML、CSS、JavaScript 任务，此时 dist 目录下已经包含了 css 目录、js 目录和 HTML 文件。对于 demo07 项目来说，还缺少 src 目录下的 images 目录和 lib 目录。下面要把 src 目录下的 images 目录和 lib 目录复制到 dist 目录下，操作步骤如下。

（1）在 gulpfile.js 文件中创建 copy 任务，进行目录复制操作，示例代码如下。

```
1  gulp.task('copy', (callback) => {
2    gulp.src('./src/images/*')
3      .pipe(gulp.dest('dist/images'));
4    gulp.src('./src/lib/*')
5      .pipe(gulp.dest('dist/lib'));
6    callback();
7  });
```

上述代码中，通过 gulp.task()创建一个 copy 任务，分别使用 gulp.src()获取 src 目录下的 images 目录和 lib 目录，并使用 gulp.dest() 方法将 images 文件和 lib 文件保存到 dist 目录中。

（2）打开命令行工具，切换到 demo07 目录，运行命令"gulp copy"。gulp 任务执行成功后，打开项目下的 dist 目录，可以看到 js 目录下新建了一个同名的 images 文件和 lib 文件，此时项目中 dist 目录结构如图 2–51 所示。

图 2–51　dist 目录结构

2.8.6　执行全部构建任务

上述操作中，通常使用命令"gulp 任务名"去执行单个任务，这对于开发者来说，非常不友好。那么如何实现执行一个任务，其他任务也一起执行呢，操作步骤如下。

（1）在 gulpfile.js 文件中创建 default 任务，示例代码如下。

```
gulp.task('default', gulp.series('htmlmin', 'cssmin', 'jsmin', 'copy'));
```

上述代码中，通过 gulp.task()创建一个 default 任务，gulp 4 抛弃了依赖参数，使用执行函数来代替，gulp.series()用于顺序执行任务。当在命令行执行 default 任务时，会依次执行后面的任务。

（2）打开命令行工具，切换到 demo07 目录，运行"gulp default"命令。执行 default 任务命令行输出结果如图 2–52 所示。

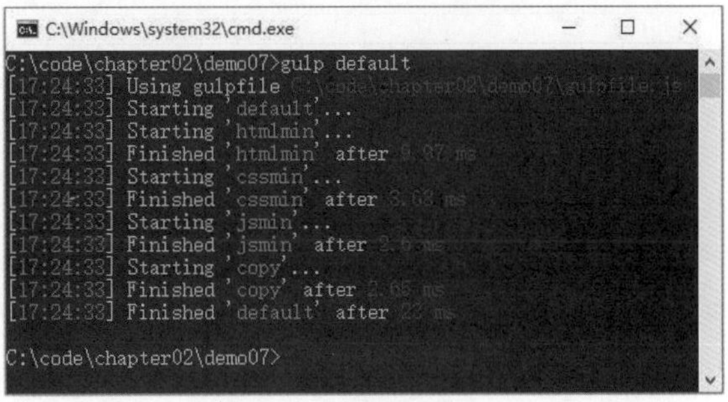

从图 2–52 中可以看出，gulpfile.js 文件

图 2–52　执行 default 任务

中定义的任务全部被执行。需要注意的是，如果任务名称为 default，那么执行任务的时候可以只输入命令"gulp"，它会自动查找一个名字叫 default 的任务。

2.9　项目依赖管理

在进行模块化开发时，项目中需要记录复杂的模块依赖关系。随着时间的推移，项目中的某些模块可能会升级版本，模块提供的 API 也会发生变化，那么就需要对模块进行有效管理。下面将对如何管理项目依赖进行详细讲解。

2.9.1　package.json 文件

在 demo07 项目根目录中，会看到一个 node_modules 目录，这个目录中除了包含项目所用到的下载依赖项外，还包含一些其他的文件。node_modules 目录中的文件多且零碎，当对整个项目进行复制时，传输速度会非常慢。

其实，在将代码发给其他人或者上传到代码仓库时，并不需要发送 node_modules 目录，因为 npm 工具提供了项目描述文件 package.json。该文件中记录了当前项目所依赖的第三方模块和对应的版本号，当其他人拿到这个项目的时候会根据 package.json 文件中所记录的依赖项去下载第三方模块，这样项目在他人的计算机上也可以成功运行。

为了方便读者理解 package.json 文件，下面通过例 2-13 演示项目中 package.json 文件的使用。

【例 2-13】

（1）创建 C:\code\chapter02\demo08 文件，打开命令行工具，切换到 demo08 目录下，输入"npm init –y"命令，会帮助快速生成 package.json 文件。

```
npm init -y
```

上述命令中，通过 npm init –y（–y 表示全部使用默认值）命令创建的文件是项目描述文件，一般被放置在项目的根目录下，用于记录当前项目信息。例如，项目名称、版本、作者、github 地址、当前项目依赖了哪些第三方模块，目的是方便他人了解项目信息，下载项目依赖文件。

（2）打开 package.json 文件，示例代码如下。

```
1  {
2    "name": "demo08",
3    "version": "1.0.0",
4    "description": "",
5    "main": "index.js",
6    "scripts": {
7      "test": "echo \"Error: no test specified\" && exit 1"
8    },
9    "keywords": [],
10   "author": "",
11   "license": "ISC"
12 }
```

上述代码中，name 表示项目的名称；version 表示项目的版本；description 表示项目的描述；main 表示项目的主入口文件；scripts 对象中存储命令的别名；keywords 表示关键字，允许使用关键字来描述当前项目；author 表示项目的作者；license 表示项目遵循的协议，默认为 ISC 开放源代码协议。

在了解了 package.json 文件中各个选项代表的含义后，下面在 demo08 项目中下载第三方模块（以 formidable 和 mime 两个模块为例进行操作演示），查看 package.json 文件如何记录项目所依赖的第三方模块。

（3）在命令行工具中，切换到 demo08 目录，执行如下命令，下载第三方模块 formidable 和 mime。

```
npm install formidable mime
```

上述命令中，使用 npm 工具下载多个模块时，模块之间使用空格进行分隔。在下载第三方模块时，只使用 "npm install 模块名" 命令去下载即可，只要 package.json 文件存在，npm 就会自动将下载的模块记录到该文件中。

（4）下载成功后，回到 package.json 文件中，会发现在原来的文件里新增了一个 dependencies 选项，示例代码如下。

```
"dependencies": {
  "formidable": "^1.2.2",
  "mime": "^2.4.6"
}
```

上述代码中，新增的 dependencies 选项用于记录当前项目所依赖的第三方模块，包括模块名和模块所对应的版本号。

到目前为止，demo08 项目目录结构如图 2-53 所示。

（5）此时，如果删除 demo08 项目根目录下的 node_modules 目录，并将该项目传输给其他人，传输成功后，该如何运行这个复制的 demo08 项目呢？只需要在复制完成的 demo08 项目中打开命令行工具，输入 "npm install" 命令，npm 工具会自动到项目根目录下找到 package.json 文件下的 dependencies 选项去下载第三方模块。

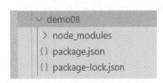

图 2-53　demo08 项目目录结构

2.9.2　查看项目依赖

在项目的开发阶段和线上运营阶段都需要依赖的第三方包称为项目依赖。例如，使用 "npm install 包名" 命令下载的 formidable 和 mime 第三方模块，它们会默认被添加到 package.json 文件的 dependencies 选项中。

package.json 文件中 dependencies 选项的示例代码如下。

```
{
  "dependencies": {
    "formidable": "^1.2.2",
```

```
    "mime": "^2.4.6"
  },
}
```

除了项目依赖外，还有开发依赖。例如，在 2.7.3 小节本地安装 gulp 插件时，使用了--save-dev 选项，将 gulp 作为 devDependencies（开发依赖）保存到 package.json 文件中。那么何为开发依赖呢？开发依赖是指在项目的开发阶段需要依赖、在线上运营阶段不需要依赖的第三方包。

开发依赖使用"npm install 包名--save-dev"命令去安装，"--save-dev"选项将包添加到 package.json 文件的 devDependencies 选项中。

package.json 文件中 devDependencies 选项的示例代码如下。

```
{
  "devDependencies": {
    "gulp": "^4.0.2"
  },
}
```

为了方便读者区分项目依赖和开发依赖，一般来说，devDependencies 选项下的模块是在开发阶段需要用的，例如项目中使用的 gulp 模块等。这些模块在项目部署后是不需要的，所以可以使用"--save-dev"选项去安装。像 jQuery 和 Express 这些项目运行中必备的模块应该安装在 dependencies 选项中。

小提示：

项目依赖和开发依赖进行区分的好处是可以在不同的运行环境中下载不同的依赖。例如在线下的开发环境可以使用"npm install"命令下载全部的依赖（包括项目依赖和开发依赖）。在项目上线后的运行环境（服务器环境）可以使用"npm install --production"命令下载 dependencies 选项（项目依赖），避免下载项目开发依赖。

在下载第三方模块时，npm 工具会同时在 demo08 项目的根目录下产生一个 package-lock.json 文件，该文件中会详细记录模块与模块之间的依赖关系、版本信息和下载地址。

package-lock.json 文件有两个作用：第一个作用是锁定包的版本，确保再次下载时不会因为包版本不同而产生问题。另外一个作用是加快下载速度，因为该文件中已经记录了项目所依赖第三方包的树状结构和包的下载地址，重新安装时只需下载即可，不需要做额外的工作。

多学一招：package.json 中的 scripts 选项

scripts 选项中存储的是命令的别名，当频繁执行的命令名比较长时，就可以给长的命令名取一个别名写在 scripts 选项中，然后执行这个命令的时候就可以直接使用别名去执行。

为了方便读者理解 scripts 选项，下面通过修改 demo08 目录下的 package.json 文件演示如何使用别名运行文件。

（1）在 demo08 目录下新建 app.js 文件，编写如下代码。

```
console.log('app.js 文件被执行了')
```

（2）打开 package.json 文件，在 scripts 选项中编写如下代码。

```
1  {
2    "scripts": {
3      "test": "echo \"Error: no test specified\" && exit 1",
4      "build": "nodemon app.js"
5    },
6  }
```

上述代码在 scripts 选项中新增了一个别名"build"命令，后跟别名的完整命令"nodemon app.js"。

（3）打开命令行工具，切换到 demo08 项目，在命令行工具中，可以使用"npm run 命令别名"来执行 app.js 文件，执行成功后的效果如图 2-54 所示。

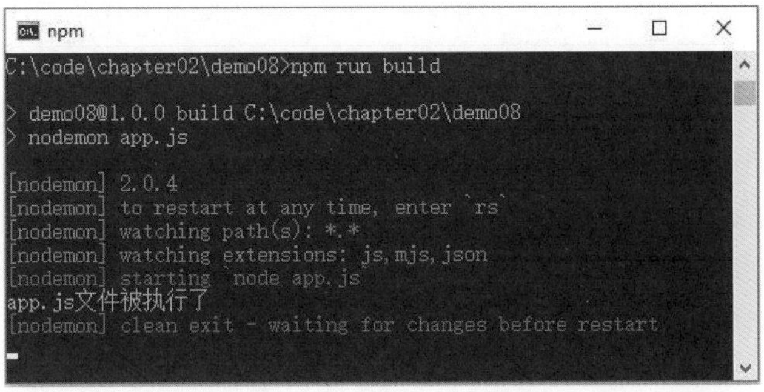

图 2-54 app.js 文件执行成功后的效果

2.10 Node.js 模块加载机制

在前面内容中已讲解了 Node.js 中的模块化开发、系统模块和第三方模块，相信读者对模块已经有了整体上的认识。无论需要使用哪种模块，都需要先使用 require()方法对模块进行引用，在该方法内部的模块查找具有一定的规则。下面将详细讲解 require()方法的模块加载机制。

2.10.1 当模块拥有路径但没有后缀时

当使用 require()方法引入模块时，如果传入的是完整路径，那么程序就会根据模块路径查找模块，并直接引入模块，示例代码如下。

```
require('./find.js');
```

上述代码在 require()方法中传入的是完整路径，那么程序就会根据模块路径查找模块，并直接引入模块。如果在 require()方法中只写了模块的名称，并没有写模块的后缀，那么 require()方法是怎么进行查找的呢？

当模块后缀省略时，加载文件模块的语法如下。

```
require('./find');
```

上述语法中，当模块后缀省略时，模块查找规则如下。

（1）首先在当前目录下查找 find.js 同名文件，如果找到就去执行这个同名的文件。

（2）如果当前目录没有找到 find.js 文件，那么就去查找当前目录下的 find 目录，如果找到这个目录，就在当前 find 目录下查找 index.js 文件，如果找到 index.js 文件就去执行这个文件。

（3）如果在 find 目录中没有找到 index.js 文件，就去当前 find 目录下的 package.json 文件中去查找 main 选项中的入口文件，如果找到入口文件就去执行它。

（4）如果 main 选项中没有指定入口文件，或者指定的入口文件不存在，程序就会报错。

为了方便读者理解当模块拥有路径但后缀省略时的模块查找规则，下面通过例 2-14 演示模块的查找机制。

【例2-14】

（1）创建 C:\code\chapter02\demo09 目录，在该目录下创建 find.js 文件作为被加载模块，编写如下代码。

```
console.log('demo09 目录下的 find.js 被执行了');
```

（2）在 demo09 目录下，新建 require.js 文件，编写如下代码。

```
require('./find');
```

上述代码在 require()方法中传入的是省略后缀的模块文件路径。根据查找规则，它会去当前目录下查找 find 的同名.js 文件。因为 demo09 目录下存在 find 的同名.js 文件，所以就去执行 find.js 文件。

（3）在 cmd 命令的命令提示符界面中，切换到 require.js 文件所在的目录，并输入"node require.js"命令，require.js 文件执行结果如图 2-55 所示。

图 2-55　require.js 文件执行结果（1）

从图 2-55 中可以看出，输出语句被成功执行了，这说明 find.js 模块能够被找到。此时，如果将 demo09 目录下的 find.js 重命名为任意一个名字（如 nofind.js），回到命令行重新执行"node require.js"命令，require.js 文件执行结果如图 2-56 所示。

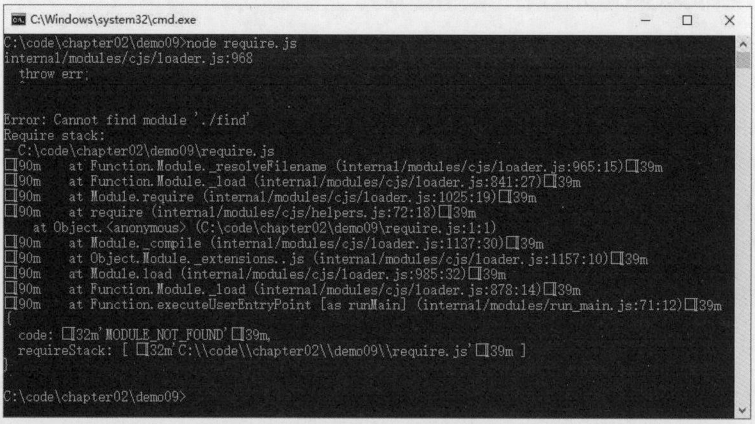

图 2-56　require.js 文件执行结果（2）

从图 2-56 中可以看出，程序报错了，这是因为在 demo09 目录下没有找到 find.js，所以程序会报错。

（4）接着在 demo09 目录下，新建 find 目录，并且在该目录下新建 index.js 文件，编写如下代码。

```
console.log('find 目录下的 index.js 被执行了');
```

（5）回到命令行再次执行 "node require.js" 命令，require.js 文件执行结果如图 2-57 所示。

从图 2-57 可以看出，程序可以被成功执行，这是因为在 demo09 目录下没有找到 find.js 文件，它就会去查到 demo09 目录下的 find 目录，然后在当前 find 目录下查找 index.js 文件，并去执行这个文件。

图 2-57　require.js 文件执行结果（3）

此时，如果将 find 目录下的 index.js 文件重命名为任意一个名字（如 noindex.js），回到命令行，切换到 find 目录下，执行 "npm init –y" 命令，在生成的 package.json 文件中将 main 选项值改为 main.js，示例代码如下。

```
"main": "main.js",
```

（6）在 find 目录下新建 main.js 文件，编写如下代码。

```
console.log('find 目录下的 main.js 被执行了');
```

（7）回到命令行，切换到 demo09 目录下，重新执行 "node require.js" 命令，require.js 文件执行结果如图 2-58 所示。

从图 2-58 可以看出，如果 find 目录中没有找到 index.js 文件，就会去当前 find 目录下的 package.json 文件中去查找 main 选项中的入口文件 main.js，并去执行它。

图 2-58　require.js 文件执行结果（4）

2.10.2　当模块没有路径且没有后缀时

当使用 require() 方法引入模块时，如果只写了模块的名字，没有写模块的后缀，示例代码如下。

```
require('find');
```

此时，模块查找规则如下。

（1）首先，Node.js 会假设它是系统模块，然后去系统模块中查找有没有 find 系统模块，如果有就去执行这个模块。

（2）如果没有找到 find 系统模块，那么就会去 node_modules 目录中查找有没有同名的 .js 文件，如果找到了这个同名的 .js 文件就去执行它。

（3）如果在 node_modules 目录没有找到同名的 .js 文件，那么就在 node_modules 目录下查找有没有同名的 find 目录，如果找到这个目录，就在当前 find 目录下查找 index.js 文件，如果找到 index.js 文件就去执行这个文件。

（4）如果 find 目录中没有找到 index.js 文件，就去当前 find 目录下的 package.json 文件中去查找 main 选项中的入口文件，如果找到入口文件就去执行它。

（5）如果 main 选项中没有指定入口文件，或者指定的入口文件不存在，程序就会报错。

为了方便读者理解当模块没有路径且后缀省略时的模块查找规则，下面通过例 2-15 演示模块的查找机制。

【例 2-15】

（1）创建 C:\code\chapter02\demo10 目录，在该目录下创建 require.js 文件，编写如下代码。

```
require('find');
```

上述代码在 require()方法中传入的是省略掉文件路径和后缀的 find 模块。

（2）在 demo10 目录下，创建 node_modules 目录，在该目录下新建 find.js 文件，示例代码如下。

```
console.log('node_modules 中的 find.js 被执行了');
```

（3）在 cmd 命令行工具中，切换到 require.js 文件所在的目录，并输入 "node require.js" 命令，require.js 文件执行结果如图 2-59 所示。

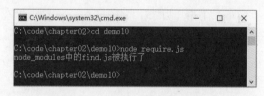

图 2-59　require.js 文件执行结果（5）

从图 2-59 可以看出，输出语句被成功执行了，这说明 find.js 文件能够被找到。此时，如果将 node_modules 目录下的 find.js 文件重命名为任意一个名字（如 nofind.js），回到命令行重新执行 "node require.js" 命令，结果会发现程序报错了，这是因为在 node_modules 目录下没有找到 find.js 文件，所以程序会报错。

（4）接着在 node_modules 目录下，新建 find 目录，并且在该文件下新建 index.js 文件，编写如下代码。

```
console.log('node_modules 目录中的 find 目录中的 index.js 被执行了');
```

（5）回到命令行再次执行 "node require.js" 命令，require.js 文件执行结果如图 2-60 所示。

从图 2-60 可以看出，程序可以被成功执行，这是因为在 node_modules 目录下没有找到 find.js 文件，它就会去查到 node_modules 目录下的 find 目录，然后在当前 find 目录下查找 index.js 文件，并去执行这个文件。

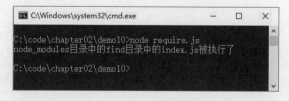

图 2-60　require.js 文件执行结果（6）

此时，如果将 find 目录下的 index.js 文件重命名为任意一个名字（如 noindex.js），回到命令行，切换到 find 目录下，执行 "npm init -y" 命令，在生成的 package.json 文件中将 main 选项值改为 main.js。

（6）在 find 目录下新建 main.js 文件，编写如下代码。

```
console.log('find 目录下的 main.js 被执行了');
```

（7）回到命令行，切换到 demo10 目录下，重新执行"node require.js"命令，require.js 文件执行结果如图 2-61 所示。

从图 2-61 可以看出，如果 find 目录中没有找到 index.js 文件，就会去当前 find 目录下的 package.json 文件中去查找 main 选项中的入口文件 main.js 文件，并去执行它。

图 2-61　require.js 文件执行结果（7）

本章小结

本章首先讲解了 Node.js 运行环境的搭建，包括 Node.js 的下载安装和安装过程中常见问题的解决，Path 环境变量的配置；接着讲解了模块化开发的概念、模块成员的导入和导出、系统模块和第三方模块的使用；然后讲解了 Node.js 常用开发工具以及如何使用 gulp 构建项目；最后讲解了项目的依赖管理以及 Node.js 模块加载机制。

课后练习

一、填空题

1. Node.js 的文件操作模块由_____模块提供。

2. Node.js 文件操作中_____参数是要写入文件的追加数据。

3. 模块化开发解决的两个最重要的问题是_____和_____。

4. 客户端的 JavaScript 主要用于处理_____的交互，而服务器端的 JavaScript 主要用于处理_____的交互。

5. 传统浏览器端 JavaScript 在使用的时候存在命名冲突和_____两大问题。

二、判断题

1. Node.js 的文件操作 API 由 file 模块提供。（　　　）

2. nrm 是 npm 中的第三方模块下载地址的管理工具，也是一个命令行工具。（　　　）

3. 默认情况下，exports 和 module.exports 指向同一个对象。（　　　）

4. Node.js 中当文件当前目录不存在 node_modules 目录时，会去父目录查找。（　　　）

5. Node.js 中在使用文件写入方法时，如果文件名存在，就会覆盖同名文件的内容。（　　　）

三、选择题

1. 下列选项中，可用于查看 Node.js 是否安装成功的方法是（　　　）。

A. 在 cmd 命令台，输入命令 "node –V"

B. 在 cmd 命令台，输入命令 "node –v"

C. 在 cmd 命令台，输入命令 "node –version"

D. 无须查看

2. 下列选项中，用于在 cmd 命令提示符中切换目录的命令是（   ）。

A. dir   B. change dir   C. dc   D. cd

3. 下列选项中，对 Node.js 中 package.json 文件的属性描述错误的是（   ）。

A. version 表示项目的版本号

B. dependencies 是包的依赖项，npm 会根据该属性自动加载依赖包

C. author 表示项目的作者

D. main 表示项目的描述

4. Node.js 的 Path 模块中，用于获取文件目录的函数是（   ）。

A. basename(p[,ext])   B. dirname(p)   C. normalize(p)   D. sep

5. 以下选项中，不属于 Node.js 第三方模块的是（   ）。

A. nodemon   B. nrm   C. gulp   D. fs

四、简答题

请简述在项目中如何使用 npm 工具下载安装第三方包 markdown。

第 3 章

Node.js服务器开发

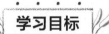学习目标

★ 了解服务器开发的基础概念，能够理解服务器的作用

★ 掌握 Node.js 网站服务器的搭建，能够完成服务器的启动与关闭

★ 熟悉 HTTP 协议的概念，能够理解 HTTP 协议中的请求和响应

★ 掌握请求与响应处理，能够处理 POST 请求和 GET 请求

★ 掌握 Node.js 异步编程，能够解决回调地狱问题

拓展阅读

在第 2 章中介绍了 Node.js 模块化开发的概念和优势，以及模块加载机制。Node.js 是使用 JavaScript 为主要开发语言的服务器端编程技术和平台，因此其十分引人瞩目。Node.js 的突破之一就是异步编程，本章将对 Node.js 服务器开发阶段的相关内容和异步编程进行详细讲解。

3.1 服务器开发的基本概念

Node.js 是一个运行在服务器端可以解析和执行 JavaScript 代码的运行环境，Node.js 开发属于服务器开发，即后端开发。下面将详细讲解服务器开发的基础知识、服务器开发可以做哪些事情，以及为什么选择使用 Node.js，通过这些内容的学习可以帮助读者理解为什么学习 Node.js。

3.1.1 前端开发人员为什么学习服务器开发

Node.js 开发属于服务器开发，作为一名前端开发人员为什么需要学习服务器开发呢？下面来看一下学习服务器开发具有哪些优势。

（1）能够与后端开发人员更加紧密配合。

在企业中，网站开发工作是由设计师、前端开发、后端开发等一些岗位来配合完成的。其中，

前端开发与后端开发密切相关，前端开发人员也需要掌握一些后端开发技术，以便与其他人员更紧密地合作。对于大多数企业来说，也更加愿意招聘一些会后端开发技术的前端开发人员。

（2）网站业务逻辑前置。

原本需要由后端开发人员完成的工作，现在将由前端开发人员来处理。这就需要前端开发人员学习后端开发技术以支撑任务的完成，例如 Ajax 技术。

（3）扩宽知识视野。

学习后端开发可以扩宽知识视野，能够从更高的角度去审视整个项目，从而提出更合理的网站技术解决方案。

3.1.2 服务器开发可以做哪些事情

在理解了服务器开发的好处后，下面需要知道服务器开发可以做哪些事情，具体如下。

（1）实现网站的业务逻辑。

例如，网站中常见的登录功能。当用户单击"登录"按钮时，服务器开发人员将获取用户输入的账号和密码，并验证用户是否已注册。如果当前用户已经注册，就将当前用户的账号和密码与数据库中的数据相匹配，以检查输入的信息是否正确。如果用户输入的信息全部正确，网站就提示登录成功，否则就提示登录失败。

（2）实现数据的增删改查。

例如，电子商务网站中的购物车管理页面。用户进入该页面后可以看到商品信息，这是基于数据查询功能实现的。当然，也可以在购物车管理页面对商品执行删除、增加和修改的操作。

3.1.3 Node.js 开发服务器的优势

对于服务器开发而言，可供选择的开发语言有很多，例如 Java、PHP、.NET 等，那么为什么选择使用 Node.js 呢？理由如下。

（1）学习 Node.js 是前端开发人员转向后端开发人员的最佳途径。

对于前端开发人员来说，JavaScript 语言是他们最为熟悉的语言，而学习 Node.js 仍然使用的是 JavaScript 语言，这样在学习 Node.js 的时候不需要再学习基础知识。

（2）一些公司要求前端开发人员掌握 Node.js 开发。

在一些企业的网站技术选型中，网站的前端页面是由 Node.js 渲染的，这项工作是由前端开发人员来完成的，因此企业在招聘时会倾向于掌握 Node.js 技术的前端开发人员。

（3）Node.js 生态系统活跃，有大量开源库可以使用。

Node.js 的使用人数较多，提供了丰富的开源库。例如，将封装好的轮播插件开源，其他开发者可以直接拿过来使用，这极大提高了工作效率。

（4）前端开发工具大多基于 Node.js 开发。

3.1.4　网站应用程序的组成

一个完整的网站应用程序主要由客户端和服务器端两大部分组成。客户端是在浏览器中运行的部分，用户能够看到并与之交互的界面程序，主要使用 HTML、CSS、JavaScript 构建。而服务器端是在服务器中运行的部分，可以将服务器理解为一台持续工作的计算机，主要负责存储数据和处理应用逻辑。网站应用程序组成部分的示例图如图 3-1 所示。

(a) 客户端部分　　　　　　　　　　　　　(b) 服务器部分

图 3-1　网站应用程序组成部分的示例图

在客户端开发阶段学习的都是前端技术（例如构建用户界面），代码是运行在浏览器中的。现在要学习服务器端技术，学习在服务器上怎样去存储数据，如何使用 Node.js 处理网站中的业务逻辑，这些业务逻辑代码是运行在服务器中的，客户端和服务器端之间通过请求和响应获取数据，以及创建数据。客户端将用户请求发送给服务器端，服务器端根据用户的请求进行逻辑处理、数据处理并将结果响应给客户端。网站实际上是客户端和服务器端基于请求和响应模型的一种应用结构。

下面用 Node.js 来代替传统的服务器端语言（例如 Java、PHP 语言等）开发服务器端的网站应用，客户端和服务器端网站工作方式如图 3-2 所示。

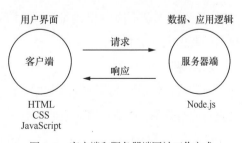

图 3-2　客户端和服务器端网站工作方式

3.2　Node.js 网站服务器

3.2.1　初识 Node.js 网站服务器

在理解了 Node.js 开发服务器端的网站应用开发流程后，下面介绍什么是 Node.js 网站服务器。网站服务器实际上是能够提供网站访问服务的机器，它能够接收客户端的请求，并对客户端的请求做出响应。

Node.js 网站服务器必须满足以下 3 个条件。

- 网站服务器必须是一台计算机；
- 计算机上需要安装 Node.js 运行环境；
- 使用 Node.js 创建一个能够接收请求和响应请求的对象。

真实的网站服务器通常会放置在特定的网络机房中，服务器计算机和平时所使用的计算机有一些区别。它可以只有一个主机，没有鼠标、键盘，甚至显示器。我们在客户端上操作一些应用，例如通过浏览器向服务器端发送数据，则客户端需要找到对应的服务器设备，并在服务器设备上找到对应的软件进行处理，这个过程就需要 IP 地址和端口号进行支持。

为了便于读者理解，下面对网站服务器开发中涉及的一些基础知识进行讲解。

1. IP 地址

IP 地址（Internet Protocol Address）是互联网中设备的唯一标识，代表互联网协议地址。为了找到服务器资源，浏览器必须首先拥有服务器的 IP 地址。在计算机中，地址是由一串数字组成的，IP 地址示例如图 3-3 所示。

从图 3-3 可以看出，IP 地址是由 3 个点分隔的一串数字。实际上，可以使用 IP 地址访问网站服务器。但在日常生活中，当人们访问各种各样的网站时，由于 IP 地址难以记忆，通常不使用 IP 地址去直接访问网站，于是域名的概念应运而生。

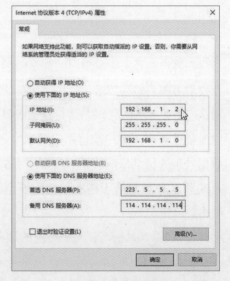

图 3-3　IP 地址示例

2. 域名

所谓域名就是平时上网所使用的网址。IP 地址与域名是对应的关系，在浏览器的地址栏中输入域名，会有专门的服务器（Domain Name Server，DNS）将域名解析为对应的 IP 地址，从而找到对应的服务器。

3. 端口

通过 IP 地址找到对应的服务器后，还需要指定端口来进一步确定访问的是当前服务器提供的什么服务。这是因为在这台计算机中，不仅能够向外界提供网站服务，而且可以提供其他的服务，例如邮件服务、文件上传服务和文件下载服务等，因此需要指定端口来确定提供的服务具体是哪一种。

　　端口是具有一定范围的数字，范围是 0～65535，每一个向外界提供服务的软件都要占用一个端口。例如，80 是 Apache 服务默认占用的端口，3306 是 MySQL 服务占用的端口。

　　同样，Node.js 软件要想向外界提供服务，也需要占用一个端口。Node.js 开发者习惯将 3000 作为 Node.js 服务器的端口，一般来说，不使用 0～1024 之间的数字，因为这些是操作系统软件和常用软件占用的端口。需要注意的是，一个软件只能占用一个端口，如果某一个端口已被其他软件占用了，在程序中再去使用这个端口，程序就会报错，无法运行。软件端口占用，也被叫作端口监听。在 Windows 系统中，可以通过在命令提示符中执行 "netstat –ano" 命令查看端口占用情况，如图 3-4 所示。

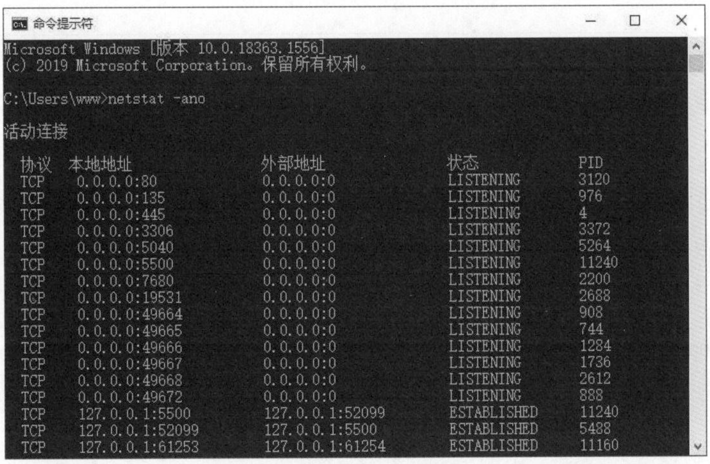

图 3-4　端口占用情况

　　在图 3-4 中，本地地址的冒号 "：" 后面的数字就是端口，如本地地址 0.0.0.0:80 中的 80 表示80 端口，状态为 LISTENING 表示监听，PID 表示应用程序的进程 ID。

4. URL

在了解了 Node.js 网站服务器的基本内容后，接下来开始讲解客户端访问服务器端的请求地址 URL。

URL（Uniform Resource Locator，统一资源定位符），是专为标识 Internet 上资源位置而设的一种编址方式，平时所说的网页地址就是指 URL。一个 URL 的基本结构如图 3-5 所示。

图 3-5　URL 的基本结构

在图 3-5 中，"："前面的 http 代表协议；"//"后面通常是主机地址和端口号的组合，主机地址可以是域名或者直接是主机的 IP 地址，端口号没有指定时默认为 80；"/"后的字符串表示资源的具体地址。在 URL 中还有一些其他的内容，会在后续章节中进行深入讲解。

▌ 小提示：

在开发阶段，客户端和服务器端使用同一台计算机，即开发人员计算机。这是因为在开发人员计算机中既安装了浏览器（客户端），又安装了 Node.js（服务器端）。既然是同一台计算机，我们如何通过网络的方式访问它呢？每台计算机中都有一组特殊的 IP 地址和域名，代表本机。如果将本机作为服务器，则该计算机的特定 IP 地址为 127.0.0.1，特定域名为 localhost。例如在开发程序中，我们输入"localhost"就代表要通过网络的方式找到自己计算机当中的服务器。

3.2.2　创建 Node.js 网站服务器

通过前面学习的 Node.js 网站服务器的基础内容可知，在服务器端开发中，网站服务器是必不可少的，在 Node.js 中不需要安装额外的软件充当网站服务器，Node.js 提供的 HTTP 模块即可创建 Web 服务器。

为了方便读者理解如何在 Node.js 中创建网站服务器，并实现客户端向服务器端发送请求、服务器端向客户端做出响应的简单过程。下面通过例 3-1 进行演示。

【例 3-1】

（1）创建 C:\code\chapter03\demo01 目录，在该目录下创建 app.js 文件，编写如下代码。

```
1  // 引用系统模块
2  const http = require('http');
3  // 创建 Web 服务器
4  const app = http.createServer();
5  // 当客户端发送请求的时候
6  app.on('request', (req, res) => {
7    // 响应
8    res.end('<h1>hi, user</h1>');
9  });
10 // 监听 3000 端口
11 app.listen(3000);
12 console.log('服务器已启动，监听 3000 端口，请访问 localhost:3000');
```

上述代码中，第 2 行代码使用 require() 方法引入系统模块 HTTP。第 4 行代码使用 createServer() 方法创建 Web 服务器，返回值为一个服务器对象 app。第 6～9 行代码使用 on 为服务器对象 app 添加 request 请求事件，其中第 1 个参数为事件名称，第 2 个参数为事件处理函数，在这个处理函数中有 req 和 res 两个参数。其中，req 表示请求对象，存储了请求相关的信息，如请求的地址、请求方式等；res 表示响应对象，该对象提供的方法用于对客户端发送的请求进行响应，如第 8 行代码使用 res.end() 方法对请求进行响应。第 11 行代码使用服务器对象 app 的 listen() 方法监听 3000 端口，这里的端口号可以写任意没有被其他软件占用的端口。

至此，已经创建好了 Web 服务器，接下来就可以访问它。

（2）打开命令行，进入到 demo01 目录下，执行如下命令。

```
nodemon app.js
```

上述代码使用 nodemon 命令执行 app.js。Web 服务器请求成功后，命令行输出结果如图 3-6 所示。

从图 3-6 可以看出，已经成功启动了 Web 服务器，然后可以在浏览器中输入 "localhost:3000" 网址进行访问，内容展示效果如图 3-7 所示。

图 3-6　Web 服务器请求成功

图 3-7　内容展示效果

从图 3-7 可以看出，在客户端输出了 "hi, user" 内容，这表示成功对请求做出了响应。

3.3　HTTP 协议

在前面的学习中已经创建好了一个网站服务器，成功实现了客户端向服务器端发送请求、服务器端向客户端做出响应。这仅仅是一个最基本的请求和响应过程，要实现一个完整的网站应用，还需要用到 HTTP 协议，下面将讲解 HTTP 协议相关内容。

3.3.1　HTTP 协议概念

所谓 "协议" 可以理解成人为约定的一种规范，由双方共同来遵守这个约定。也可以把协议比作一门语言，例如两个中国人说话使用汉语进行沟通，以确保双方都能听懂。

HTTP（Hyper Text Transfer Protocol，超文本传输协议）规定了如何从网站服务器传输超文本到本地浏览器，它基于客户端服务器架构工作，是客户端（用户）和服务器端（网站）请求和响应的标准。HTTP 协议可以使浏览器更加高效，它不仅可保证计算机正确快速地传输超文本文档，而且能确定传输文档中的哪一部分，以及哪部分内容先显示（例如文本先于图形）等。

基于 HTTP 协议的客户端和服务器端的交互过程如图 3-8 所示。

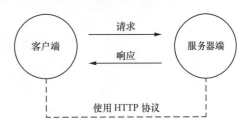

图 3-8　基于 HTTP 协议的客户端和服务器端的交互过程

3.3.2 HTTP 的请求消息和响应消息

在 HTTP 请求和响应的过程中传递的数据块叫作 HTTP 消息，包括要传送的数据和一些附加信息，并且要遵守规定好的格式，消息分为请求消息和响应消息两种。

请求消息是指客户端向服务器端发送请求时所携带的数据块，请求消息如图 3-9 所示。

图 3-9　请求消息

响应消息是指服务器端向客户端进行响应请求时所携带的数据块，响应消息如图 3-10 所示。

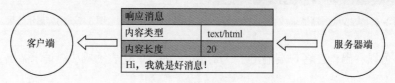

图 3-10　响应消息

在图 3-9、图 3-10 中，请求和响应的相关信息被包含在数据块中。例如，用户在登录时输入的用户名和密码被包含在请求数据块中进行传递，当前登录成功或失败的消息被包含在响应数据块中。消息在传输的过程中，还需要遵循规定好的格式，即以冒号进行分隔的键值对。

那么如何查看请求和响应消息呢？这需要借助使用 Chrome 浏览器（这里使用 54.0.2840.71 版本）进行查看，步骤如下。

打开 Chrome 浏览器，访问百度首页，访问页面成功后，按"F12"键，可以进入 Chrome 浏览器的开发者工具，如图 3-11 所示。

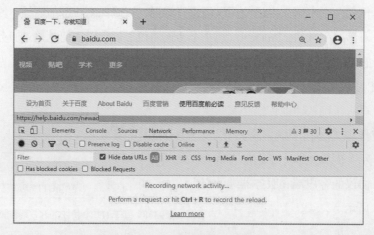

图 3-11　Chrome 浏览器的开发者工具

从图 3-11 可以看出，默认进入了"Network"选项卡，此时重新刷新浏览器，然后单击列表
中第 1 行的请求，可以看到当前请求页面格式化后的响应消息和请求消息，如图 3-12 所示。

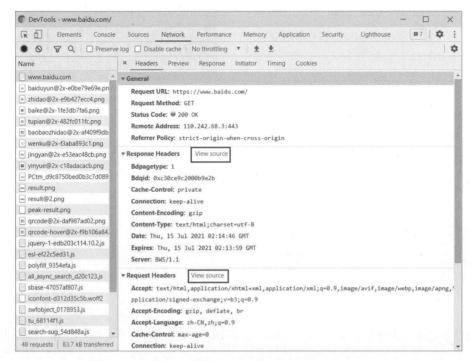

图 3-12　格式化后的响应消息和请求消息

图 3-12 中，Response Headers（响应头）用于传递本次响应的相关信息，Request Header（请
求头）用于传递本次请求的相关信息。这些信息是浏览器格式化后的，如果想要查看原始信息，
单击"View source"即可。

3.3.3　请求消息

HTTP 协议中常用的请求方式主要是 GET 和 POST 两种，用于规定客户端与服务器端联系的
类型。当用户在浏览器地址栏中直接输入某个 URL 地址或者单击网页上一个超链接时，浏览器将
默认使用 GET 方式发送请求。如果将网页上的<form>标签的 method 属性设置为 post，那么就会以
POST 方式发送请求。下面对请求消息的处理进行详细讲解。

1. 处理 GET 请求和 POST 请求

为了方便读者理解 GET 和 POST 两种请求方式，下面通过例 3-2 进行项目演示。

【例 3-2】

（1）创建 C:\code\chapter03\demo02 目录，将 demo01 目录下的 app.js 文件复制到 demo02 目录，
在 demo02 目录下的 app.js 文件中找到 res.end()方法，并在 res.end()方法前面编写如下代码。

```
1  // 获取请求方式
2  console.log(req.method);
```

（2）打开命令行工具，切换到 app.js 文件所在的目录，并输入"nodemon app.js"命令。在浏览器中输入"localhost:3000"进行访问，返回到命令行工具可以看到 req.method 属性输出结果如图 3-13 所示。

图 3-13　req.method 属性输出结果（1）

从图 3-13 可以看出，命令行工具成功输出了两个 GET，这是因为当输入"localhost:3000"时，浏览器除了请求该网站外，还会自动请求一个 favicon.ico 图标（即网页在浏览器标签页左上角的小图标），所以会输出两个 GET 请求方式。

下面通过 form 表单的方式来使用 POST 发送请求。

（3）在 demo02 目录下新建 form.html 文件，编写如下代码。

```
1  <!DOCTYPE html>
2  <html>
3  <head>
4    <meta charset="UTF-8">
5    <title>Document</title>
6  </head>
7  <body>
8    <form method="post" action="http://localhost:3000">
9      <input type="submit" name="">
10   </form>
11 </body>
12 </html>
```

上述代码中，第 8～10 行代码通过<form>标签来定义一个表单，该标签中有两个属性 method
和 action。其中，method 指定当前表单提交的方式，默认为 GET；action 指定当前表单提交的地址，这里将表单提交到"http://localhost:3000"服务器。

图 3-14　req.method 属性输出结果（2）

（4）在浏览器中运行 form.html 文件，单击"提交"按钮，返回到命令行工具可以看到当提交表单时，req.method 属性输出结果如图 3-14所示。

从图 3-14 可以看出，输出结果为 POST 和 GET。这是因为在单击表单"提交"按钮时，会发送一个 POST 请求，请求成功后，浏览器再发送 GET 请求获取网站图标 favicon.ico。。

至此，已经成功地向服务器发送了 GET 请求和 POST 请求。在服务器收到 GET 请求和 POST 请求后，会如何去处理呢？当发送的请求地址相同，但是请求方式不同时，可以根据请求方式来响应不同的内容。

（5）在 demo02 目录的 app.js 文件中处理 GET 请求和 POST 请求，app.js 文件的最终代码如下。

```
1  // 引用系统模块
2  const http = require('http');
3  // 创建 Web 服务器
4  const app = http.createServer();
5  // 当客户端发送请求的时候
6  app.on('request', (req, res) => {
7    // 获取请求方式
8    console.log(req.method);
9    if (req.method == 'POST') {
10     res.end('post');
11   } else if (req.method == 'GET') {
12     res.end('get');
13   };
14   // 响应
15   // res.end('<hl>hi, user</hl>');
16 });
17 // 监听 3000 端口
18 app.listen(3000);
19 console.log('服务器已启动, 监听 3000 端口, 请访问 localhost:3000');
```

上述代码中, 新增第 9～13 行代码, 使用 if 条件语句根据请求方式的不同分别响应不同的内容, 将第 15 行代码注释掉。

（6）在浏览器中重新刷新 "http://localhost:3000" 网址, 此时网页中输出内容 get, 命令行中成功输出了两个 GET。

（7）在浏览器中重新运行 form.html 文件, 单击表单 "提交" 按钮, 此时网页中输出内容 post, 命令行中输出结果为 POST 和 GET。

2. 根据客户端地址访问不同内容

在实际应用中, 经常通过单击不同的链接进入不同的页面。例如, 在某个网站上, 通过地址栏输入不同的网址, 会跳转到相应的页面。这样的需求常常需要在服务器端进行请求处理。

下面将为读者讲解 Node.js 中如何根据不同的 URL 发送不同的响应内容, 具体如例 3-3 所示。

【例 3-3】

（1）创建 C:\code\chapter03\demo03 目录, 在该目录下新建 server.js 文件, 编写如下代码。

```
1  const http = require('http');
2  const app = http.createServer();
3  app.on('request', (req, res) => {
4    var url = req.url;
5    if (url == '/index' || url == '/') {
6      res.end('welcome to homepage');
7    } else if (url == '/list') {
8      res.end('welcome to listpage');
9    } else {
10     res.end('not found');
11   };
12 });
13 app.listen(3000);
14 console.log('服务器已启动, 监听 3000 端口, 请访问 localhost:3000');
```

在上述代码中, 第 4 行代码通过 req.url 属性获取到整个 URL 中的资源具体地址, 也就是资源路径；第 5～11 行代码通过判断资源路径来发送不同的响应消息。如果在发送请求的整个 URL 地址中没有指定资源路径，默认为"/"，如果指定了资源路径但找不到，发送的响应消息便是错误提示。

（2）打开命令行工具，切换到 server.js 文件所在目录，执行"node server.js"命令启动服务器，sever.js 文件执行结果如图 3–15 所示。

（3）打开 Chrome 浏览器，在地址栏输入"http://localhost:3000"，按"Enter"键后，浏览器会找到默认的资源路径"/"，所以输出响应消息为"welcome to homepage"，首页页面效果如图 3–16 所示。

图 3–15 server.js 文件执行结果

图 3–16 首页页面效果

（4）在地址栏输入"http://localhost:3000/list"，按"Enter"键后，浏览器会找到资源路径"/list"，所以输出响应消息为"welcome to listpage"，页面效果如图 3–17 所示。

（5）在地址栏输入"http://localhost:3000/err"，按"Enter"键后，因为代码中没有指定该路径，所以会输出错误信息"not found"，页面效果如图 3–18 所示。

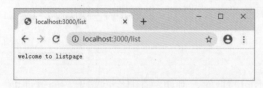
图 3–17 页面效果（1）

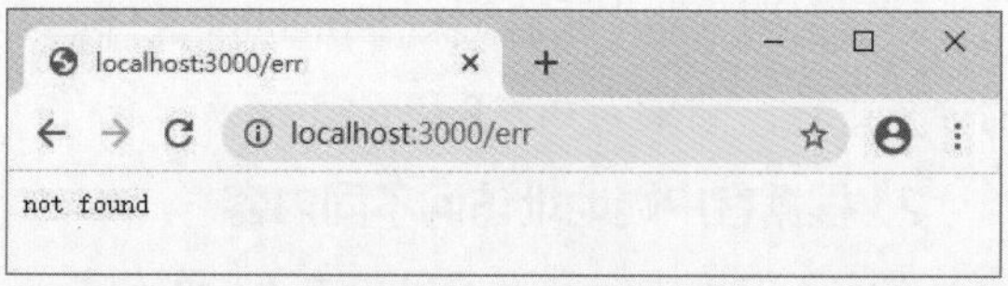

图 3–18 页面效果（2）

3. 获取请求头

请求头是请求消息的一部分，它由客户端浏览器自动发送给服务器，服务器通过请求头可以获取本次请求的相关信息，如浏览器类型。在浏览器中访问"http://localhost:3000/list"查看请求头，如图 3–19 所示。

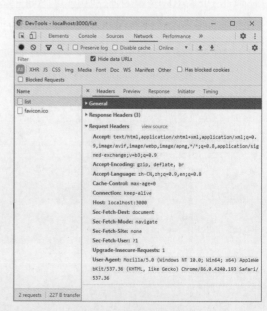

从图 3–19 可以看出，请求头的格式为键值对，键和值用英文冒号":"分隔，这些键值对又称为属性。典型的请求头属性如下。

• User-Agent：产生请求的浏览器类型。

• Accept：客户端可识别的响应内容类型列表。星号"＊"用于按范围将类型分组，用"＊/＊"指示可接收全部类型，用"type/＊"指示可接收

图 3–19 请求头输出结果

type 类型的所有子类型。

- Accept-Language：客户端可接收的自然语言。
- Accept-Encoding：客户端可接收的编码压缩格式。
- Accept-Charset：可接收的应答的字符集。
- Host：请求的主机名，允许多个域名同处一个 IP 地址，即虚拟主机。
- connection：连接方式（close 或 keepalive）。
- Cookie：存储于客户端扩展字段，向同一域名的服务器端发送属于该域的 cookie。

下面在 server.js 程序中获取请求头，示例代码如下。

```
1  const http = require('http');
2  const app = http.createServer();
3  app.on('request', (req, res) => {
4    // 获取请求头
5    const headers = req.headers;
6    console.log(headers);
7    // 获取请求头的某一项信息
8    // console.log(headers['host'])
9  });
10 app.listen(3000);
11 console.log('服务器已启动，监听 3000 端口，请访问 localhost:3000');
```

上述代码中，第 5 行代码通过 req.headers 获取请求头。如果想要获取请求头中的某一项时，可以使用 req.headers['']，例如 req.headers['host']就可以获取到具体的 Host 的信息。

3.3.4　响应消息

在响应消息中，对于客户端的每一次请求，服务器端都有给予响应，在响应的时候可以通过状态码告诉客户端此次请求是成功还是失败。

状态码由 3 位数字组成，表示请求是否被理解或被满足。HTTP 响应状态码的第一个数字定义了响应的类别，后面两位没有具体的分类，第 1 位数字有 5 种可能的取值，具体介绍如下。

- 1**：请求已接收，需要继续处理。
- 2**：请求已成功被服务器接收、理解并接收。
- 3**：为完成请求，客户端需进一步细化请求。
- 4**：客户端的请求有错误。
- 5**：服务器端出现错误。

HTTP 协议的状态码较多，我们只需记住常见的状态码即可。下面列举 Web 开发中 HTTP 协议常见的状态码，如表 3-1 所示。

表 3-1　HTTP 协议常见的状态码

状态码	说明
200	表示服务器成功处理了客户端的请求
302	表示请求的资源临时从不同的 URI 响应请求，但请求者应继续使用原有位置来进行以后的请求。例如，在请求重定向中，临时 URI 应该响应的是 Location 头字段所指向的资源
404	表示服务器找不到请求的资源。例如，访问服务器不存在的网页经常返回此状态码
400	表示客户端请求有语法错误
500	表示服务器发生错误，无法处理客户端的请求

表 3-1 中罗列出了 HTTP 协议常见状态码，可以根据不同的状态码去响应不同的内容；也可以使用 response.writeHead()方法修改状态码，该方法的第 1 个参数为状态码，默认为 200，例如使用 response.writeHead(400)将状态码改为 400。

服务器端返回结果给客户端时，通常需要指定内容类型（Content-Type 属性），常见的内容类型如下。

- text/plain：返回纯文本格式。
- text/html：返回 HTML 格式。
- text/css：返回 CSS 格式。
- application/javascript：返回 JavaScript 格式。
- image/jpeg：返回 JPEG 图片格式。
- application/json：返回 JSON 代码格式。

在了解了响应内容类型后，下面演示通过设置内容类型，将响应内容"<h1>hi, user</h1>"中的 HTML 标签<h1></h1>作为普通文本输出到页面中，具体如例 3-4 所示。

【例 3-4】

（1）创建 C:\code\chapter03\demo04 目录，在该目录下新建 server.js 文件，编写如下代码。

```
1  // 引用系统模块
2  const http = require('http');
3  // 创建 Web 服务器
4  const app = http.createServer();
5  // 当客户端发送请求的时候
6  app.on('request', (req, res) => {
7    res.writeHead(200, {
8      'content-type': 'text/plain'
9    });
10   // 响应
11   res.end('<h1>hi, user</h1>');
12 });
13 // 监听 3000 端口
14 app.listen(3000);
15 console.log('服务器已启动，监听 3000 端口，请访问 localhost:3000');
```

上述代码中，第 7~9 行代码使用 writeHead()方法将状态码设置为 200，第 2 个参数告诉浏览器发送的数据类型为 text/plain，它可以识别出纯文本格式。

（2）回到命令行，切换到 demo04 目录，执行"nodemon app.js"命令，在浏览器中访问"http://localhost:3000"，浏览器输出结果如图 3-20 所示。

（3）将<h1></h1>中的英文内容改为中文"欢迎"，再次刷新页面，浏览器输出结果如图 3-21所示。

图 3-20　浏览器输出结果（1）

图 3-21　浏览器输出结果（2）

从图 3-21 可以看出，页面输出了一堆乱码，怎么解决呢？需要告知客户端当前返回内容的编码格式类型，解决办法如下。

（4）修改 demo04 目录下 app.js 文件中的"content-type"项，示例代码如下。

```
1  res.writeHead(200, {
2    'content-type': 'text/html;charset=utf8'
3  });
```

上述代码将浏览器发送的数据类型设为 text/html，并使用 charset 将当前编码格式指定为 utf8。

（5）保存代码，刷新页面，此时浏览器输出结果如图 3-22 所示。

图 3-22　浏览器输出结果（3）

3.4　HTTP 请求与响应处理

客户端向服务器端发送请求时，有时需要携带一些客户信息，客户信息需要通过参数的形式传递到服务器端，例如登录操作。请求参数的传递分为 GET 和 POST 两种方式，下面将对这两种请求方式进行讲解。

3.4.1　GET 请求参数

GET 参数被放置在浏览器地址栏中进行传输，示例 URL 地址如下。

```
http://localhost:3000/index?name=zhangsan&age=20
```

上述示例中，"?"后面的内容是 GET 请求参数。GET 请求参数直接被嵌入在路径中，URL是完整的请求路径，包含了"?"后面的部分，因此需要手动解析"?"后面的内容作为 GET 请求的参数。

在服务器端如何获取到这个请求参数呢？下面通过例 3-5 进行演示。

【例 3-5】

（1）创建 C:\code\chapter03\demo05 目录，在该目录下新建 server.js 文件，编写如下代码。

```
1  const http = require('http');              // 引用 HTTP 系统模块
2  const app = http.createServer();           // 创建网站服务器
3  var url = require('url');                   // 引用处理 URL 地址模块
4  app.on('request', (req, res) => {
5    console.log(req.url);                     // 获取整个 URL 中的资源具体地址
6    console.log(url.parse(req.url, true));    // 解析 URL 参数
7    let { query, pathname } = url.parse(req.url, true);
8    console.log(query.name);
9    if (pathname == '/index' || pathname == '/') {
10     res.end('<h1>welcome to homepage<h1>');
11   } else if (pathname == '/list') {
12     res.end('welcome to listpage');
13   } else {
14     res.end('not found');
15   };
16 });
17 app.listen(3000);
18 console.log('服务器已启动，监听 3000 端口，请访问 localhost:3000');
```

上述代码中，第 3 行代码引用 URL 内置模块，用于处理 URL 地址；第 6 行代码使用 URL 模块的 parse()方法处理请求参数，该方法有两个参数，第 1 个参数是 URL 地址，第 2 个参数为 true，表示将查询参数解析成对象形式；第 7 行代码左边的大括号中代表对象解构，在大括号中有 query 变量和 pathname 变量；第 8 行代码使用 query.name 获取 name 属性的值；第 9~15 行代码使用条件判断语句根据 pathname 的值处理带参数的 URL 地址。

（2）回到命令行工具，切换到 demo05 目录，输入"nodemon server.js"命令，启动服务器。打开浏览器，输入地址"http://localhost:3000/index?name=zhangsan&age=20"，server.js 文件执行结果如图 3-23 所示。

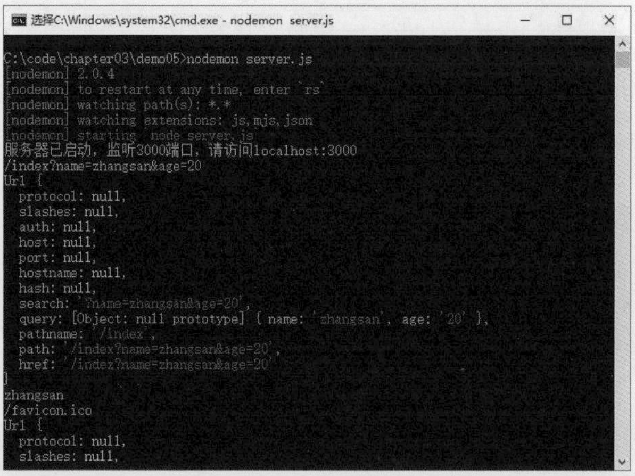

图 3-23　server.js 文件执行结果

从图 3–23 中可以看出，req.url 的输出结果为 "/index?name=zhangsan&age=20"，url.parse(req.url,
true)的输出结果为 Url{}部分的内容，其中大括
号里包含 query、pathname、path 和 href 等内容。
query.name 的输出结果为 "zhangsan"。

（3）此时浏览器输出结果如图 3–24 所示。

图 3–24　浏览器输出结果

3.4.2　POST 请求参数

POST 请求参数被放置在请求消息中的请求体中进行传输。那么如何从客户端发送 POST 请求
参数到服务器端，以及如何在服务器端接收这些请求参数呢？下面通过例 3–6 进行演示。

【例 3–6】

（1）在 C:\code\chapter03\demo06 目录下，新建 form.html 文件，编写如下代码。

```
1  <!DOCTYPE html>
2  <html>
3  <head>
4    <meta charset="UTF-8">
5    <title>Document</title>
6  </head>
7  <body>
8    <form method="post" action="http://localhost:3000">
9      <input type="text" name="username">
10     <input type="password" name="password">
11     <input type="submit" name="">
12   </form>
13 </body>
14 </html>
```

上述代码中，第 9 行代码设置 name 属性值为 username；第 10 行代码设置 name 属性值为
password。

（2）在浏览器中运行 form.html 文件，在页面中输入 "username" "password"，单击 "提交"
按钮，表单提交结果如图 3–25 所示。

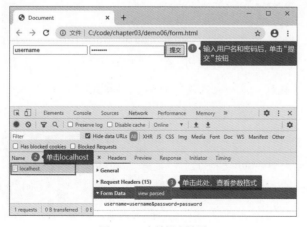

图 3–25　表单提交结果

从图 3-25 中可以看出，POST 请求参数储存在 Form Data 对象中，并且 POST 请求参数格式和GET 请求参数格式相同。

此时已经成功实现从客户端发送 POST 请求参数到服务器端，下面实现在服务器端接收 POST请求参数。

（3）在 demo06 目录下新建 post.js 文件，编写如下代码。

```
1  const http = require('http');
2  const app = http.createServer();
3  // 导入系统模块 querystring 用于将 POST 请求参数转换为对象格式
4  const querystring = require('querystring');
5  app.on('request', (req, res) => {
6    let postParams = '';
7    // 监听参数传输事件
8    req.on('data', params => {
9      postParams += params;
10   });
11   // 监听参数传输完毕事件
12   req.on('end', () => {
13     console.log(postParams);
14     console.log(querystring.parse(postParams));
15   });
16   res.end('ok');
17 });
18 app.listen(3000);
19 console.log('服务器已启动，监听 3000 端口，请访问 localhost:3000');
```

上述代码中，第 8～10 行代码用于在有 POST 请求参数传输时触发 data 事件，因为参数不是一次接收完成的，所以第 6 行代码声明了一个 postParams 变量，在触发 data 事件的时候，把当前传递过来的参数 params 和声明的变量 postParams 进行拼接；第 12～15 行代码用于在参数传递完成时触发 end 事件，在触发 end 事件的时候，第 13 行代码将变量 postParams 原样输出，第 14 行代码通过 querystring.parse() 方法将 POST 请求参数转换为对象格式。

┃┃┃ **小提示：**

在 Node.js 中接收 POST 请求参数需要使用 data 和 end 事件完成，POST 请求参数在理论上数据量可以是无限的，而服务器为了减轻压力，会分多次接收 POST 请求参数。例如，上传了 100MB的文件，它可能分 10 次接收，每一次只接收 10MB。因此需要使用一个变量去接收 POST 参数。

（4）回到命令行工具，切换到 demo06目录，输入"nodemon post.js"命令，启动服务器。在浏览器中运行 form.html 网页，在两个输入框中分别输入"username""123456"，单击"提交"按钮，post.js 文件执行结果如图 3-26 所示。

图 3-26　post.js 文件执行结果

从图 3-26 中可以看出，变量 postParams 原样输出的结果，以及通过 querystring.parse()方法将 POST 请求参数转换为对象格式的输出结果。

至此，已经成功实现在服务器端接收 POST 请求参数。

3.4.3　路由

在一个完整的网站应用中，用户在浏览器地址栏中输入不同的请求地址，服务器端会为客户端响应不同的内容。例如，客户端访问"http://localhost:3000/index"这个请求地址，服务器端要为客户端响应首页的内容，这是由网站应用中的路由实现的。路由是指客户端请求地址与服务器端程序代码的对应关系。

为了让读者更好地理解 Node.js 中路由的使用，下面通过例 3-7 进行讲解。

【例 3-7】

（1）创建 C:\code\chapter03\demo07 目录，在该目录下新建 app.js 文件，编写如下代码。

```
1  // 引用系统模块 HTTP
2  const http = require('http');
3  // 创建网站服务器
4  const app = http.createServer();
5  const url = require('url');
6  // 为网站服务器对象添加请求事件
7  app.on('request', (req, res) => {
8    // 获取客户端的请求方式，将 req.method 结果转换为小写形式
9    const method = req.method.toLowerCase();
10   // 获取请求地址
11   const pathname = url.parse(req.url).pathname;
12   res.writeHead(200, {
13     'content-type': 'text/html;charset=utf8'
14   });
15   // 实现路由功能
16   if (method == 'get') {
17     if (pathname == '/' || pathname == '/index') {
18       res.end('欢迎来到首页');
19     } else if (pathname == '/list') {
20       res.end('欢迎来到列表页');
21     } else {
22       res.end('您访问的页面不存在');
23     };
24   } else if (method == 'post') {
25     // 请求方式为 POST 时的逻辑处理
26   };
27 });
28 // 监听 3000 端口
29 app.listen(3000);
30 console.log('服务器已启动，监听 3000 端口，请访问 localhost:3000');
```

（2）回到命令行工具，切换到 demo07 目录，输入"nodemon app.js"命令，启动服务器。然

后打开 Chrome 浏览器，在地址栏输入 "http://localhost:3000"，按 "Enter" 键后，浏览器会找到默认的资源路径 "/"，首页页面效果如图 3-27 所示。

在地址栏输入 "http://localhost:3000/list"，按 "Enter" 键后，浏览器会找到资源路径 "/list"，所以输出响应消息为 "欢迎来到列表页"，列表页效果如图 3-28 所示。

图 3-27　首页页面效果

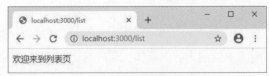

图 3-28　列表页效果

至此，已经成功使用路由根据不同的客户端请求地址响应不同的内容了。

3.4.4　静态资源访问

所谓 HTTP 静态资源是指客户端向服务器端请求的资源，服务器端不需要处理，可以直接响应给客户端的资源。静态资源主要包括 CSS、JavaScript、image 文件，以及 HTML 文件。而动态资源是指相同的请求地址可以传递不同的请求参数，得到不同的响应资源，这种资源称为动态资源。下面将详细讲解如何实现静态资源的访问功能。

在服务器端通常会创建一个专门的目录，存放静态资源。当客户端请求某个静态资源文件时，服务器端将这个静态资源响应给客户端。静态资源是存放在本地的，只有自己可以访问到，其他人不能访问。所以，如果希望这些文件能够在服务器端被用户访问到，就需要实现静态资源访问功能。

为了让读者更好地理解 Node.js 中静态资源的访问，下面通过例 3-8 进行讲解。

【例 3-8】

（1）创建 C:\code\chapter03\demo08 目录，在该目录下新建 public 目录，用于存放静态文件。因为这里主要讲解如何实现静态资源的访问，所以代码的编写不做重点要求，读者可以参考本书配套资源，直接复制使用即可，public 目录结构如图 3-29 所示。

从图 3-29 可以看出，public 目录下包含 css、images、js、lib 目录，以及首页 default.html 和文章页 article.html。

图 3-29　public 目录结构

（2）启动服务器，在 demo08 目录下创建 app.js 文件，编写如下代码。

```
1  const http = require('http');      // 引用系统模块 HTTP
2  const app = http.createServer();   // 用户创建网站服务器
3  const url = require('url');        // 引用 url 地址模块
4  const path = require('path');      // 引用系统模块 Path，用于读取文件前拼接路径
5  const fs = require('fs');          // 引用系统模块 Fs，读取静态资源
6  const mime = require('mime');      // 引用第三方模块
7  // 为网站服务器对象添加请求事件
```

```
8  app.on('request', (req, res) => {
9    // 获取用户请求路径
10   let pathname = url.parse(req.url).pathname;
11   // 三元表达式，表达式 ? 表达式 1 : 表达式 2
12   pathname = pathname == '/' ? '/default.html' : pathname;
13   // 将用户请求的路径转换为实际的服务器硬盘路径
14   let realPath = path.join(__dirname, 'public' + pathname);
15   // 利用 mime 模块根据路径返回资源的类型
16   let type = mime.getType(realPath);
17   fs.readFile(realPath, (error, result) => {
18     // 如果文件读取失败
19     if (error != null) {
20       // 指定返回资源的文件编码
21       res.writeHead(404, {
22         'content-type': 'text/html;charset=utf8'
23       });
24       res.end('文件读取失败');
25     }
26     else { // 如果文件读取成功
27       res.writeHead(200, {
28         'content-type': type
29       });
30       res.end(result);
31     };
32   });
33 });
34 // 监听 3000 端口
35 app.listen(3000);
36 console.log('服务器已启动，监听 3000 端口，请访问 localhost:3000');
```

上述代码中，第 6 行代码引用第三方模块 mime，在使用之前需要在 app.js 文件所在根目录使用 "npm install mime" 命令下载。第 12 行代码使用三元表达式进行路径判断，如果浏览器路径为 "/"，那么就加载路径 "/default.html"。第 16 行代码使用 mine.getType()方法，根据路径返回资源的类型，并存储到变量 type 中，这是因为网页中的资源类型有很多种，所以不能指定某个资源类型。第 17 行代码使用 fs.readFile()方法读取静态资源。第 19~25 行代码处理文件读取失败的逻辑。第 26~31 行代码处理文件读取成功的逻辑，并指定返回资源的类型。

（3）打开命令行工具，切换到 demo08 目录下，输入 "nodemon app.js" 命令，成功启动服务器。打开 Chrome 浏览器，在地址栏输入 "http://localhost:3000"，访问页面成功后，按 "F12" 键进入 Chrome 浏览器的开发者工具，切换到 "Network" 选项卡。此时重新刷新浏览器，会在 "Network" 选项卡中看到当前请求的资源，然后单击第 1 行 localhost，可以看到 content-type 的值为 text/html，如图 3-30 所示。

在图 3-30 中，单击第 2 行 base.css，可以看到 content-type 的值为 text/css。单击第 4 行 logo.png，可以看到 content-type 的值为 image/png。此时已成功指定了返回资源的类型。

图 3-30　content-type 的值为 text/html

3.5　Node.js 异步编程

前面已学习了 Node.js 中的一些 API，在这些 API 中有的是通过返回值的方式获取 API 的执行结果，有的是通过函数的方式获取结果。例如，当使用 path.join()方法拼接路径时，或者当使用 url.parse()方法解析请求地址时，都是通过返回值的方式获取执行结果；当使用 fs.readFile()方法读取文件时，则是通过函数方式获取读取结果。在 Node.js 中有同步和异步两种 API，下面将为读者讲解 Node.js 中的异步编程。

3.5.1　同步异步 API 的概念

同步 API 是指只有当前 API 执行完成后，才能继续执行下一个 API。这就好比到餐馆点餐时，一个指定的服务员被分配来为你服务，当点完餐时，服务员将订单送到厨房并在厨房等待厨师制作菜肴，当厨师将菜肴烹饪完成后，服务员将菜肴送到你的面前，至此服务完成，此时这个服务员才能服务另外的客人。同步模式是指一个服务员某一时间段只能服务于一个客人的模式。

异步 API 是指当前 API 的执行不会阻塞后续代码的执行。这就好比到餐馆点餐时，在点餐后服务员将你的订单送到厨房，此时服务员没有在厨房等待厨师烹饪菜肴，而是去服务了其他客人，当厨师将你的菜肴烹饪好后，服务员再将菜肴送到你的面前。异步模式是指一个服务员同时可以服务多个客人的模式。

1. 同步 API 的执行方式

同步 API 的执行方式是指代码从上到下一行一行执行，下一行的代码必须等待上一行代码执行完成后才能执行，示例代码如下。

```
console.log('before');
```

```
console.log('after');
```

上述代码中，只有第 1 个 console.log() 方法执行完成后，才能执行第 2 个 console.log() 方法。同步代码中每行代码按照顺序依次执行。

2. 异步 API 的执行方式

异步 API 的执行方式是指代码在执行过程中某行代码需要耗时，代码的执行不会等待耗时操作完成后再去执行下一行代码，而是不等待直接向后执行。异步代码的执行结果需要通过回调函数的方式处理，示例代码如下。

```
console.log('before');
setTimeout(() => {
  console.log('last');
}, 2000);
console.log('after');
```

上述代码使用 console.log() 方法输出 before，然后开启一个定时器，在 2 秒之后使用 console.log() 输出 last，在程序结尾输出 after。这段代码的依次打印结果是 before–after–last。这是因为定时器为异步 API，程序不需要等待它执行完成，而是继续向后执行代码输出 after。

3.5.2　获取异步 API 的返回值

同步 API 能从返回值中拿到 API 执行的结果，但是异步 API 是不能的，异步 API 的返回值从回调函数中获取。所谓回调函数是指函数可以被传递到另一个函数中，然后被调用的形式。

为了让读者更好地理解 Node.js 中如何使用回调函数获取异步 API 的返回值，下面通过例 3-9 进行讲解。

【例 3-9】

（1）创建 C:\code\chapter03\demo09 目录，在该目录下新建 callback.js 文件，编写如下代码。

```
1  // getMsg 函数定义
2  function getMsg(callback) {
3    setTimeout(function () {
4      // 调用 callback
5      callback({
6        msg: 'hello node.js'
7      });
8    }, 2000);
9  };
10 // getMsg 函数调用
11 getMsg(function (data) {
12   console.log(data); // 在回调函数中获取异步 API 执行的结果
13 });
```

上述代码中，在第 2 行代码定义 getMsg() 函数时传递了 1 个形参 callback，它对应的实参是一个函数，也就是第 11～13 行代码 getMsg() 函数中的匿名函数 function (data){}，也称为回调函数。第 3～8 行代码中，由于 setTimeout() 是一个异步方法，在这段代码中调用 callback() 函数，并将异步 API 执行的结果通过参数的形式传递出来。这样在第 11～13 行代码的 getMsg() 函数的回调函数中就可以获取异步 API 执行的结果。

（2）打开命令行工具，切换到 callback.js 所在目录，执行"node callback.js"命令，callback.js 文件执行结果如图 3–31 所示。

图 3–31　callback.js 文件执行结果

3.5.3　异步编程中回调地狱的问题

通过前面内容的学习已知道异步 API 不能通过返回值的方式获取执行结果，异步 API 也不会阻塞后续代码的执行。如果异步 API 后面代码的执行依赖当前异步 API 的执行结果，就需要把代码写在回调函数中。一旦回调函数的嵌套层次过多，就会导致代码不易维护，将这种代码形象地称为回调地狱。

下面通过一个简单的文件读取案例来演示一下回调地狱的代码。本案例中要依次读取 A 文件、B 文件、C 文件。通常的做法是：使用 fs.readFile()方法读取 A 文件，A 文件读取完成后，在读取 A 文件的回调函数中去读取 B 文件；B 文件读取完成后，在读取 B 文件的回调函数中去读取 C 文件。具体步骤如例 3–10 所示。

【例 3–10】

（1）在 demo10 目录下创建 3 个文件，分别是 1.txt、2.txt、3.txt。其中，1.txt 文件的内容为 1，2.txt 文件的内容为 2，3.txt 文件的内容为 3。

（2）打开 demo10 目录，在该目录下新建 callbackhell.js 文件，编写如下代码。

```
1  const fs = require('fs');
2  fs.readFile('./1.txt', 'utf8', (err, result1) => {
3    console.log(result1);
4    fs.readFile('./2.txt', 'utf8', (err, result2) => {
5      console.log(result2);
6      fs.readFile('./3.txt', 'utf8', (err, result3) => {
7        console.log(result3);
8      });
9    });
10 });
```

上述代码演示的就是回调地狱的情况，尤其是当回调函数中的代码量很大时，代码的可读性很差。回调地狱是异步编程中的一大问题。

（3）打开命令行工具，切换到 callbackhell.js 所在目录，执行"node callbackhell.js"命令，callbackhell.js 文件执行结果如图 3–32 所示。

从图 3–32 中可以看出，成功依次读取了 1.txt 文件、2.txt 文件和 3.txt 文件。

图 3–32　callbackhell.js 文件执行结果

3.5.4　利用 Promise 解决回调地狱

ES6 提供的 Promise 可以解决 Node.js 异步编程中回调地狱的问题。Promise 本身是一个构造函数，如果要使用 Promise 解决回调地狱的问题，需要使用 new 关键字创建 Promise 构造函数的实例对象。

Promise 的基础语法格式如下。

```
// 创建 Promise 对象
let promise = new Promise((resolve, reject) => { });
// 定义 resolve 和 reject 参数函数
promise.then(result => console.log(result))
  .catch(error => console.log(error));
```

上述代码使用 new 关键字创建 Promise 构造函数的实例对象，在创建 Promise 对象时需要传递一个匿名函数，在这个匿名函数体中接收 resolve 和 reject 两个参数，这两个参数也是函数。Promise 函数体的返回是通过回调参数函数 resolve 和 reject 来标记函数成功或失败，如果成功则调用 resolve()函数，如果失败则调用 reject()函数。最后，通过 then()方法指定成功和失败的回调函数，语法格式为 "promise.then(successCallback, errorCallback)"。

下面使用 Promise 解决 callbackhell.js 文件中回调地狱的问题。在 C:\code\chapter03\ demo10 目录下新建 promise.js 文件，编写如下代码。

```
1  const fs = require('fs');
2  function p1() {
3    return new Promise((resolve, reject) => {
4      fs.readFile('./1.txt', 'utf8', (err, result) => {
5        resolve(result);
6      });
7    });
8  }
9  function p2() {
10   return new Promise((resolve, reject) => {
11     fs.readFile('./2.txt', 'utf8', (err, result) => {
12       resolve(result);
13     });
14   });
15 }
16 function p3() {
17   return new Promise((resolve, reject) => {
18     fs.readFile('./3.txt', 'utf8', (err, result) => {
19       resolve(result);
20     });
21   });
22 }
23 p1().then((r1) => {
24   console.log(r1);
25   return p2();            // 使用 return 返回 p2()函数的 Promise 对象,会在下一个 then()中拿到这个
Promise 对象的结果
26 })
27   .then((r2) => {         // 获取上一个 Promise 对象的结果
28     console.log(r2);
29     return p3();          // 使用 return 返回 p3()函数的 Promise 对象,会在下一个 then()中拿到这个
```

```
Promise 对象的结果
30   })
31   .then((r3) => {
32     console.log(r3);  // 获取上一个 Promise 对象的结果
33   })
```

上述代码中，第 2、9、16 行代码分别定义了 p1()、p2()、p3()函数，然后在函数中使用关键字 new 调用 Promise 的构造函数来进行实例化，生成 Promise 对象，最终返回这个对象。第 23 行代码调用 p1()函数，这样函数中的 Promise 才可以执行，然后在 p1().then()方法中传递一个匿名函数获取到异步 API 执行成功的结果，在匿名函数中传递 r1 参数就可以获取到 p1()函数返回的结果，这样就成功读取了第 1 个文件 1.txt。

打开命令行，切换到 promise.js 所在目录，执行 "node promise.js" 命令，promise.js 文件执行结果如图 3-33 所示。

至此，已经用 Promise 解决了 Node.js 异步编程中回调地狱的问题。通过这种方式，需要在每个异步 API 的外部包裹一层 Promise 对象。此外，需要手动调用 resolve()方法来传递数据，

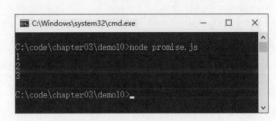

图 3-33   promise.js 文件执行结果

并调用 reject()方法来传递错误信息。另外，除 Promise 对象外，还需要链式调用 then()方法，使代码看起来比较烦琐。那么有没有办法既可以解决回调地狱的问题，又使代码看起来清晰明了呢？在 3.5.5 小节将通过异步函数来解决这一问题。

3.5.5   异步函数

异步函数实际上在 Promise 对象的基础上进行了封装，它把一些看起来比较烦琐的代码封装起来，然后开放一些关键字供开发者使用。异步函数是异步编程语法的终极解决方案，允许可以将异步代码写成同步的形式，让代码不再有回调函数嵌套，使代码变得清晰明了。

异步函数需要用到两个关键字：async 和 await，下面分别进行讲解。

1. async 关键字

异步函数需要在 function 前面加上 async 关键字，基础语法格式如下。

```
async function fn() {
  throw '发生错误';     // throw 代替 reject()方法
  return 123;          // return 代替 resolve()方法
}
fn().then(function (data) {
  // 获取到 return 的值 123
  console.log(data);
}).catch(function (error) {
  // 捕获 throw 抛出的错误
  console.log(error);
})
```

上述代码中，在普通函数定义的前面加上 async 关键字，定义异步函数。在异步函数的内部使用 throw 关键字进行错误的抛出，一旦 throw 语句执行，后面的代码就不能执行了。在函数内部使用 return 关键字进行结果返回，该结果会被包裹在返回的 Promise 对象中。因为异步函数默认返回值是 Promise 对象，所以可以直接调用异步函数再链式调用 then() 方法，获取到异步函数执行结果的值，然后再调用 catch() 方法捕获 throw 关键字抛出的错误，上述代码最终执行结果为"发生错误"。

2. await 关键字

await 关键字可以暂停异步函数的执行，等待 Promise 对象返回结果后再向下执行函数。await 关键字只能出现在异步函数中，await 后面只能写 Promise 对象，不能写其他类型 API。

下面使用 await 关键字来实现 3 个异步函数的有序执行。在 C:\code\chapter03\demo10 目录下新建 await.js 文件，编写如下代码。

```
1  async function p1() {
2    return 'p1';
3  }
4  async function p2() {
5    return 'p2';
6  }
7  async function p3() {
8    return 'p3';
9  }
10 async function run() {
11   let r1 = await p1();
12   let r2 = await p2();
13   let r3 = await p3();
14   console.log(r1);
15   console.log(r2);
16   console.log(r3);
17 }
18 run();
```

上述代码分别定义了 3 个异步函数 p1()、p2() 和 p3()，这 3 个函数都返回 Promise 对象，然后分别在这 3 个异步函数中返回字符串 p1、p2、p3；第 10 行代码定义了一个异步函数 run()；第 11～13 行代码使用 await 关键字来暂停异步函数的执行，直到获取到 Promise() 对象返回的结果；第 18 行代码调用 run() 函数。

打开命令行，切换到 await.js 所在目录，执行"node await.js"命令，await.js 文件执行结果如图 3-34 所示。

从图 3-34 可以看出，已经实现了 3 个异步函数的有序执行。

下面使用异步函数优化 3.5.4 小节编写的 promise.js 文件中的代码。在 C:\code\chapter03\

图 3-34　await.js 文件执行结果

demo10 目录下新建 async.js 文件，编写如下代码。

```
1  const fs = require('fs');
2  const promisify = require('util').promisify;
3  const readFile = promisify(fs.readFile);
4  async function run() {
5    let r1 = await readFile('./1.txt', 'utf8');
6    let r2 = await readFile('./2.txt', 'utf8');
7    let r3 = await readFile('./3.txt', 'utf8');
8    console.log(r1);
9    console.log(r2);
10   console.log(r3);
11 }
12 run();
```

上述代码中，第 2 行代码 util.promisify 是 Node 8.x 中新增的工具，用于改造现有异步函数 API 让其返回 Promise 对象，从而支持异步函数语法。上述代码成功解决了回调地狱的问题，同时代码看起来更加清晰明了。

打开命令行，切换到 async.js 所在目录，执行 "node async.js" 命令，async.js 文件结果如图 3-35 所示。

图 3-35　async.js 文件结果

3.6　用户信息列表案例

本案例中需要用到 MongoDB 数据库相关知识，以及前面学到的 HTTP 协议相关知识。希望通过这个案例使读者能够对所学知识进行综合运用。

3.6.1　用户信息列表案例展示

本案例是一个用户信息列表，主要完成用户信息的添加、删除、修改和查找功能。用户列表页面效果如图 3-36 所示。

图 3-36　用户列表页面效果

在图 3-36 中，单击"添加用户"按钮，进入添加用户页面，效果如图 3-37 所示。

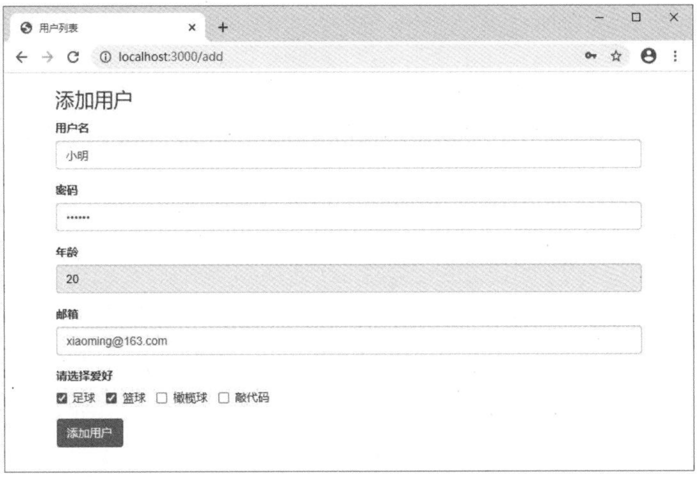

图 3-37　添加用户页面

在图 3-37 中，填写正确的信息后，单击"添加用户"按钮，会直接跳转到用户列表页面，此时添加新用户信息后的用户列表效果如图 3-38 所示。

图 3-38　添加新用户信息后的用户列表

在图 3-38 中，修改用户名为李四的信息，将"年龄"改为 30，将"请选择爱好"改为"敲代码"，修改用户信息效果如图 3-39 所示。

图 3-39　修改用户信息效果

在图3-39 中修改完成用户信息后，单击"修改用户"按钮，会直接跳转到用户列表页面，此时修改用户信息后的用户列表效果如图 3-40 所示。

图 3-40   修改用户信息后的用户列表

在图3-40 中，单击用户名为"王五"一行的"删除"按钮，删除用户信息，单击"删除"按钮之后的用户列表效果如图 3-41 所示。

图 3-41   删除之后的用户列表

3.6.2   用户信息列表功能介绍

本案例主要功能包括添加用户信息、修改用户信息、删除用户信息、查询用户信息。

本案例的具体实现过程如下。

（1）搭建网站服务器，实现客户端与服务器端的通信。

（2）连接数据库，创建用户集合，向集合中插入文档。

（3）查询用户信息：当用户访问"/list"路由时，将所有用户信息查询出来。

- 实现路由功能。

- 呈现用户列表页面。

- 从数据库中查询用户信息，将用户信息展示在列表中。

（4）将用户信息和表格 HTML 进行拼接并将拼接结果响应回客户端。

（5）添加用户信息：当用户访问"/add"路由时，呈现表单页面，并实现添加用户信息功能。

（6）修改用户信息：当用户访问"/modify"路由时，呈现修改页面，并实现修改用户信息功能。

- 实现路由功能，呈现修改用户信息页面，在用户单击"修改"按钮的时候，将用户 ID 传递到当前页面，并从数据库中查询当前用户信息，将用户信息展示到页面中。

● 指定表单的提交地址和请求方式，接收客户端传递过来的修改信息，找到用户，将用户信息更改为最新数据。

（7）删除用户信息：当用户访问 "/delete" 路由时，实现删除用户信息功能。

3.6.3　知识拓展——MongoDB 数据库

在本案例中，将会用 MongoDB 数据库来保存用户信息列表数据。MongoDB 是一款为 Web 应用程序和互联网基础设施设计的数据库管理系统，它易伸缩、能存储丰富数据结构、提供复杂查询机制，并且非常适用于 Web 应用程序。Node.js 通常使用 MongoDB 作为其数据库，具有高性能、易使用、存储数据方便等特点，使用 JavaScript 语法即可操作。

下面讲解 Node.js 访问 MongoDB 数据库的步骤。

（1）从官网下载 MongoDB 数据库安装包至本地，双击该安装包，根据安装提示一步一步操作，完成数据库的安装。使用 Node.js 操作 MongoDB 数据库需要依赖 Node.js 第三方模块 mongoose，使用如下命令下载。

```
npm install mongoose
```

（2）在命令行工具中运行如下命令，开启 MongoDB 服务。

```
net start mongodb
```

（3）在 js 脚本中导入模块，并连接数据库。

```
// 引用 mongoose 包
const mongoose = require('mongoose');
// 连接数据库
mongoose.connect('mongodb://localhost/playground')
.then(() => console.log('数据库连接成功'))
.catch(err => console.log('数据库连接失败', err));
```

上述代码中，"mongodb://localhost/playground" 表示数据库地址。其中，"mongodb://" 是固定的格式，必须要指定；"localhost" 指定了要连接服务器的地址；"playground" 是指定的数据库名。

需要注意的是，在 MongoDB 中不需要显式创建数据库，如果正在使用的数据库不存在，MongoDB 会自动创建。

小提示：

本书在配套源代码包中提供了 "用户信息列表" 案例的完整代码、开发文档和 MongoDB 数据库的详细使用教程，读者可以参考这些资料进行学习。

3.7　学生档案管理案例

本案例中需要用到第三方模块 art-template 模板引擎相关知识，还用到了前面已学习的 HTTP

请求响应、MongoDB 数据库和静态资源访问相关知识。希望通过这个案例使读者能够对所学知识进行综合运用。

3.7.1　学生档案管理案例展示

本案例是一个学生档案管理系统，主要完成学生档案信息的添加和展示功能。学员信息列表页面效果如图 3-42 所示。

图 3-42　学员信息列表页面

在学生档案信息添加表单页面可以添加学生信息，添加学生信息页面效果如图 3-43 所示。

图 3-43　添加学生信息页面

在图 3-43 中填写完正确的学生档案信息后，单击"提交"按钮，进入学员信息列表页面，添加新的学生信息后的档案列表效果如图 3-44 所示。

图 3-44　添加新的学生信息后的档案列表

3.7.2　学生档案管理功能介绍

本案例主要功能包括查询和添加学生档案信息，具体功能的实现如下。

（1）建立项目目录并生成项目描述文件。

（2）创建网站服务器实现客户端和服务器端通信。

（3）连接数据库并根据需求设计学员信息列表。

（4）创建路由并实现页面模板呈递。

- 获取路由对象。

- 调用路由对象提供的方法创建路由。

- 启用路由，使路由生效。

（5）实现静态资源访问。

- 引入 serve-static 模块获取创建静态资源服务功能的方法。

- 调用方法创建静态资源服务并指定静态资源服务目录。

- 启用静态资源服务功能。

（6）实现学生信息添加功能。

- 在模板的表单中指定请求地址与请求方式。

- 为每一个表单项添加 name 属性。

- 添加学生信息功能路由。

- 接收客户端传递过来的学生信息。

- 将学生信息添加到数据库中。

- 将页面重定向到学员信息列表页面。

（7）实现学生信息展示功能。

- 从数据库中将所有的学生信息查询出来。

- 通过模板引擎将学生信息和 HTML 模板进行拼接。

- 将拼接好的 HTML 模板响应给客户端。

3.7.3　知识拓展——服务器端 art-template 模板引擎

art-template 是新一代高性能 JavaScript 模板引擎，它可以将数据与 HTML 模板更加友好地结合起来，省去烦琐的字符串拼接，使代码更易于维护。

art-template 模板引擎既可以在服务器端使用，也可以在浏览器端使用。此处仅讲解 art-template 模板引擎在服务器端的使用。

art-template 模板引擎的下载和使用方法如下。

（1）模板引擎下载命令如下。

```
npm install art-template
```

（2）使用模板引擎时应在 js 脚本中导入模板引擎，并编译模板。

```
// 导入模板
const template = require('art-template');
// 编译模板
const result = template('./views/index.html', {
  msg: 'Hello, art-template'
});
```

上述代码中，result 用于存储拼接结果；template()中的第 1 个参数表示模板文件的位置，第 2 个参数向模板中传递要拼接的数据，对象类型或对象属性都可以直接在模板中使用。

art-template 模板引擎标准语法中引入了变量和输出量，并支持 JavaScript 表达式，使模板更易于读写。下面讲解 art-template 模板引擎的标准语法。

1. 变量

在"{{}}"符号中，使用 set 关键字来定义变量 a 和变量 b，示例代码如下。

```
{{set a = 1}};
{{set b = 2}};
```

2. JavaScript 表达式

在"{{}}"符号中，可以使用 JavaScript 表达式，示例代码如下。

```
// JavaScript 表达式
{{a ? b : c}};
{{a || b}};
{{a + b}};
```

3. 条件渲染

art-template 模板引擎使用{{ if }}…{{/if}}或者{{ if }}…{{ else　if }}…{{/if}}来实现条件的判断，通过判断来渲染不同结果，示例代码如下。

```
// if... 语法
{{if user}}
  <h2>{{user.name}}</h2>
{{/if}}
// if...else if...语法
{{if user1}}
```

```
  <h1>{{user1.name}}</h1>
{{else if user2}}
  <h2>{{user2.name}}</h2>
{{/if}}
```

上述代码中，如果 user 用户对象存在，就将其 name 属性的值渲染到<h2>标签中。同理，使用{{ if }}…{{ else if }}…{{ /if }}语法实现多个条件判断。如果 user1 用户对象存在，就将其 name 属性的值渲染到<h1>标签中；如果 user2 用户对象存在，就将其 name 属性的值渲染到<h2>标签中。

4. 列表渲染

art-template 模板引擎中的列表渲染使用 each 实现对目标对象的循环遍历，示例代码如下。

```
{{each target}}
  {{$index}} {{$value}}
{{/each}}
```

上述代码中，target 目标对象支持 Array 数组和 Object 对象类型数据的迭代，target 目标对象使用 template('模板 ID', data)函数的第 2 个参数来传递，使用 "$data[]" 中括号的形式来访问模板对象的属性。$index 表示当前索引值，$value 表示当前索引对应的值。

小提示：

本书在配套源代码包中提供了 "学生档案管理" 案例的完整代码、开发文档和 art-template 模板引擎的详细使用教程，读者可以参考这些资料进行学习。

本章小结

本章首先讲解了服务器开发的基础内容，包括服务器开发的基本概念、创建 Node.js 网站服务器、HTTP 协议及 HTTP 请求与响应处理；然后讲解了 Node.js 中的异步编程相关内容；最后综合运用本章学习的知识完成 "用户信息列表" 案例和 "学生档案管理" 案例的开发。

课后练习

一、填空题

1. 网站应用程序主要由客户端和_____两大部分组成。

2. Apache 服务默认占用的端口号是_____。

3. HTTP 协议中常用的请求方式主要是 GET 和_____两种，用于规定客户端与服务器端联系的类型。

4. 如果当前 API 的执行不会阻塞后续代码的执行，则当前 API 是指_____API。

5. 在 HTTP 请求与响应的过程中传递的数据块称为_____。

二、判断题

1. IP 地址（Internet Protocol Address）是互联网中设备的唯一标识，代表互联网协议地址。（　　）

2. 同步 API 一次只能完成一件任务。（　　）

3. setTimeout()是一个同步方法，会阻塞后续代码的继续执行。（　　）

4. 客户端与服务器端是组成 Web 应用或网站必不可少的部分。（　　）

5. 客户端可以通过 IP 地址找到服务器设备。（　　）

三、选择题

1. 下列选项中，说法错误的是（　　）。

A. HTTP 全称为超文本传输协议

B. HTTP 协议可以使浏览器更加高效，使网络传输减少

C. HTTP 协议基于客户端服务器架构工作，是客户端和服务器端请求和应答的标准

D. HTTP 协议规定了如何从本地浏览器传输超文本到网站服务器

2. 下列选项中，对于回调函数描述错误的是（　　）。

A. 函数作为参数传递到另一个函数中，然后被调用

B. 同步函数的异常处理

C. 通过在回调函数中嵌套回调函数，可以控制事情的顺序

D. 在 Node.js 中经常使用回调模式

3. 下列选项中，说法正确的是（　　）。

A. 同步 API 的执行方式，代码从上到下一行一行执行，下一行的代码必须等待上一行代码执行完成后才能执行

B. 同步代码中，每行代码按照顺序依次执行

C. 采用异步 API 的执行方式，程序不需要等待它执行完成，而是继续向后执行代码输出

D. 以上全部正确

4. 下列选项中，说法错误的是（　　）。

A. GET 参数被放置在浏览器地址栏中进行传输

B. POST 参数被放置在请求体中进行传输

C. POST 参数格式和 GET 参数格式不相同

D. querystring.parse()方法可以将 HTTP 参数转换为对象格式

5. 下列选项中，对 HTTP 响应状态码的第 1 个数字定义的响应类别说法错误的是（　　）。

A. 1**表示请求已接收，需要继续处理

B. 2**表示服务器端出现错误

C. 3**表示为完成请求，客户端需进一步细化请求

D. 4**表示客户端的请求有错误

四、简答题

1. 请简述 Node.js 网站服务器必须符合什么条件。

2. 请简述什么是 HTTP 协议。

第 **4** 章

Express框架

★ 掌握 Express 的安装和使用，能够利用 Express 搭建 Web 服务器

★ 掌握 Express 中间件的使用，能够利用中间件处理请求

★ 掌握 Express 模块化路由的使用，能够对路由进行模块化管理

★ 掌握 Express 请求参数的获取，能够对 GET 请求参数、POST 请求参数和路由参数进行获取

★ 掌握 Express 模板引擎的使用，能够实现页面的渲染

拓展阅读

在第 3 章中，使用 Node.js 进行服务器开发，但开发效率比较低，例如在实现路由功能和静态资源访问功能时，代码写起来很烦琐。为了提高 Node.js 服务器的开发效率，人们开发了 Express 框架，它可以帮助开发人员快速创建网站应用程序。本章将带领大家学习 Express 框架的知识。

4.1 初识 Express

4.1.1 什么是 Express

Express 是目前流行的基于 Node.js 运行环境的 Web 应用程序开发框架，它简洁且灵活，为 Web 应用程序提供了强大的功能。Express 提供了一个轻量级模块，类似于 jQuery（封装的工具库），它把 Node.js 的 HTTP 模块的功能封装在一个简单易用的接口中，用于扩展 HTTP 模块的功能，能够轻松地处理服务器的路由、响应、Cookie 和 HTTP 请求的状态。Express 的优势具体如下。

（1）简洁的路由定义方式

Express 框架提供了路由功能，通过 express.Router() 方法定义路由对象，并实现二级路由的功能。

（2）简化 HTTP 请求参数的处理

Express 将 HTTP 请求参数转换成对象类型，可以通过请求对象的相关属性来获取请求参数，不需要为请求对象添加 data 事件以及对请求参数的格式进行处理。Express 使请求参数的处理变得简单。

（3）提供中间件机制控制 HTTP 请求

中间件相当于 Express 为用户提供了处理请求的接口，用于对 HTTP 请求进行拦截，能够让开发人员对请求进行控制，例如使用 app.get()定义的中间件处理 GET 请求、使用 app.post()定义的中间件处理 POST 请求等。

（4）拥有大量第三方中间件

Express 除了拥有官方提供的中间件外，还拥有大量第三方中间件，类似于 jQuery 中的插件功能，使用非常少的代码就能实现强大的功能。

（5）支持多种模版引擎

虽然 Express 没有提供内置的模板引擎，但是对市面上各种模版引擎的支持程度非常高，例如 art-template 模板引擎。在 Express 框架中配置模版引擎后，可以通过向模板传递参数来动态渲染 HTML 页面。

此外，Express 并没有对 Node.js 已有的特性进行二次抽象，而是在 Node.js 的基础上扩展了 Web 应用所需的功能。Express 借助于丰富的 HTTP 工具和中间件，能够快速地创建强健、友好的 API。

4.1.2　安装 Express

在 Node.js 环境中，使用 npm 包管理工具安装 Express，安装步骤如下。

（1）在 C:\code\chapter04 目录下新建 server 目录作为项目的根目录。

（2）进入到 server 目录，执行如下命令，对项目进行初始化。

```
npm init -y
```

在上述命令中，init 表示初始化包管理配置文件 package.json；-y 表示在初始化的时候省去询问的步骤，生成默认的 package.json。

（3）初始化项目后，执行如下命令，在当前项目下安装 Express 框架。

```
npm install express --save
```

上述命令中，--save 选项表示运行时依赖。

执行上述命令后，npm 会自动创建 express 目录，并且 Express 框架会被安装到当前目录的 node_modules 目录中。

（4）安装完成后，查看 Express 版本，执行命令如下。

```
npm list express
```

上述命令执行成功后，Express 版本号如图 4-1 所示。

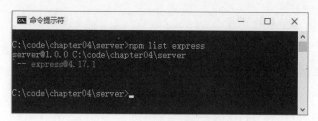

图 4-1　查看 Express 版本

从图 4-1 可以看出，Express 的版本号为 4.17.1。

4.1.3　利用 Express 搭建 Web 服务器

安装完 Express 后，就可以利用 Express 快速搭建一个 Web 服务器。Express 的基本使用步骤是：先引入 express 模块，接着调用 express()方法创建 Web 服务器对象 app，然后调用 app.get()方法定义 GET 路由，最后调用 app.listen()方法监听端口。

app.get()方法的示例代码如下。

```
app.get('/', (req, res) => {
 console.log(req, res);
});
```

在上述代码中，app.get()方法有 2 个参数，第 1 个参数表示请求路径，第 2 个参数表示请求处理函数，该函数接收 req 请求对象和 res 响应对象作为参数。

下面通过例 4-1 演示如何利用 Express 搭建 Web 服务器。

【例 4-1】

（1）在 C:\code\chapter04\server 目录下，新建 app.js 文件，编写如下代码。

```
1  // 引入 express 模块
2  const express = require('express');
3  // 创建 Web 服务器对象
4  const app = express();
5  // 定义 GET 路由
6  app.get('/', (req, res) => {
7   // 对客户端做出响应，send()方法会根据内容的类型自动设置请求头
8   res.send('Hello Express');
9  });
10 // 监听 3000 端口
11 app.listen(3000);
12 console.log('服务器启动成功');
```

上述代码中，第 2 行代码引入了 express 模块；第 4 行代码用于创建 Web 服务器对象；第 6～9 行代码通过 app.get()方法定义 GET 路由，用于在接收到客户端发起的请求后，执行第 8 行代码中的 res.send()方法，将数据 "Hello Express" 发送到客户端。

（2）打开命令行工具，切换到 server 目录，执行如下命令，启动服务器。

```
node app.js
```

（3）在浏览器中访问 "http://localhost:3000"，访问结果如图 4-2 所示。

图 4-2　例 4-1 访问结果

在图 4-2 中，浏览器展示了服务器端返回的数据，说明成功创建了基于 Express 框架的 Web
服务器。

4.2　Express 中间件

Express 通过中间件接收客户端发来的请求，并对请求做出响应，也可以将请求交给下一个
中间件继续处理。为了帮助读者理解中间件的基本概念及使用，下面讲解 Express 中间件的基础
知识。

4.2.1　什么是中间件

中间件（Middleware）是指业务流程的中间处理环节。可以把中间件理解为处理客户端请求
的一系列方法。如果把请求比作水流，那么中间件就是水流中的阀门，阀门可以控制水流是否继
续向下流动，也可以在当前阀门处对水流进行
排污处理，处理完成后再继续向下流动。中间
件的工作流程如图 4-3 所示。

在图 4-3 中，浏览器向服务器发送请求，
服务器接收到请求后，使用中间件对请求依次
进行处理，当前中间件完成对请求的处理后，
可以交给下一个中间件进行处理，最后通过路
由将最终处理结果响应给浏览器。

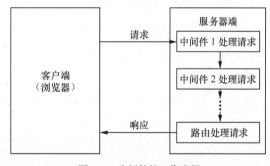

图 4-3　中间件的工作流程

中间件机制可以分开处理一个复杂的请求
处理逻辑，例如，在请求到达路由之前对请求进行信息验证。中间件的常见应用如下。

- 路由保护：当客户端访问登录页面时，可以先使用中间件判断用户的登录状态，如果用户
未登录，则拦截请求，直接响应提示信息，并禁止用户跳转到登录页面。

- 网站维护公告：在所有路由的最上面定义接收所有请求的中间件，直接为客户端做出响应，
并提示网站正在维护中。

- 自定义 404 页面：在所有路由的最上面定义接收所有请求的中间件，直接为客户端做出响
应，并提示 404 页面错误信息。

4.2.2　定义中间件

中间件主要由中间件方法和请求处理函数这两个部分构成。中间件方法由 Express 提供，负责拦截请求，请求处理函数由开发人员编写，负责处理请求。

常用的中间件方法有 app.get()、app.post()、app.use()，其基本语法形式如下。

```
app.get('请求路径', '请求处理函数');        // 接收并处理 GET 请求
app.post('请求路径', '请求处理函数');       // 接收并处理 POST 请求
app.use('请求路径', '请求处理函数');        // 接收并处理所有请求
```

下面以 app.get()方法为例，演示如何定义中间件，示例代码如下。

```
app.get('/', (req, res, next) => {
  next();
});
```

上述代码与前面学过的 GET 路由非常相似，区别在于中间件在请求处理函数中多了一个 next 参数，该参数是一个函数，表示当前请求处理完成后，交给下一个中间件进行处理，如果后面没有其他中间件了，则交给路由返回最终结果。

同一个请求路径可以设置多个中间件，表示对同一个路径的请求进行多次处理，默认情况下 Express 会从上到下依次匹配中间件。

在熟悉了中间件的基本语法形式后，下面对如何通过 app.get()、app.post()和 app.use()方法定义中间件分别进行讲解。

1. 通过 app.get()定义中间件

当浏览器向服务器发送 GET 请求时，app.get()定义的中间件会接收并处理 GET 请求。下面通过例 4-2 讲解如何通过 app.get()定义中间件。

【例 4-2】

（1）在 C:\code\chapter04\server 目录下新建 get.js 文件，编写如下代码，实现使用 app.get()定义中间件并返回 req.name 的值。

```
 1 const express = require('express');
 2 const app = express();
 3 // 定义中间件
 4 app.get('/request', (req, res, next) => {
 5   req.name = '张三';
 6   next();
 7 });
 8 app.get('/request', (req, res) => {
 9   res.send(req.name);
10 });
11 app.listen(3000);
12 console.log('服务器启动成功');
```

上述代码中，第 4~7 行代码通过 app.get()方法定义请求路径为 "/request" 的中间件，设置 req.name 属性的值为 "张三"，并调用 next()函数；第 8~10 行代码定义请求路径为 "/request" 的路由，通过 res.send()方法将 req.name 响应给浏览器。

（2）打开命令行工具，切换到 server 目录，执行如下命令，启动服务器。

```
node get.js
```

（3）在浏览器地址栏中访问"http://localhost:3000/request"，向服务器发起 GET 请求，结果如图 4-4 所示。

从图 4-4 中可以看出，页面中展示了服务器返回的数据"张三"，说明请求依次经过了中间件的处理，首先是使用中间件将 req.name 的值设置为"张三"，然后交给下一个中间件进行处理，由于没有其他中间件了，最后通过路由返回了 req.name 的值"张三"。

图 4-4　向服务器发起 GET 请求

2. 通过 app.post()定义中间件

当浏览器向服务器发送 POST 请求时，app.post()定义的中间件会接收并处理 POST 请求。下面通过例 4-3 讲解如何通过 app.post()定义中间件。

【例 4-3】

（1）在 C:\code\chapter04\server 目录中新建 index.html 文件，然后在 index.html 中编写如下代码，定义一个用于发送 POST 请求的表单。

```
1  <!DOCTYPE html>
2  <html>
3  <head>
4    <meta charset="UTF-8">
5    <title>form 表单页面</title>
6  </head>
7  <body>
8    <!-- 定义表单，用于发送 POST 请求 -->
9    <form action="http://localhost:3000/post" method="post" style="width: 245px;">
10     <input type="submit" value="发送 POST 请求" />
11   </form>
12 </body>
13 </html>
```

上述代码中，第 9~11 行代码定义表单，其中，第 9 行代码将表单 action 属性的值设为"http://localhost:3000/post"，表示请求地址，表单 method 属性的值为 post，表示 POST 请求；第 10 行代码定义了表单提交按钮。

需要注意的是，如果没有设置<form>标签的 method 属性，则默认属性值为 get，这表示表单会发送 GET 请求。

（2）在浏览器中打开 index.html，显示效果如图 4-5 所示。

图 4-5 中展示了 index.html 显示效果，由于服务器端程序还没有编写，此时不用单击页面中的"发送 POST 请求"按钮。

图 4-5　index.html 显示效果

（3）在 server 目录中，新建 post.js 文件，通过 app.post()定义中间件，接收并处理浏览器发送的 POST 请求，返回 req.name 的值。post.js 文件的代码如下。

```
1  const express = require('express');
2  const app = express();
3  // 定义中间件
4  app.post('/post', (req, res, next) => {
5    req.name = '李四';
6    next();
7  });
8  app.post('/post', (req, res) => {
9    res.send(req.name);
10 });
11 app.listen(3000);
12 console.log('服务器启动成功');
```

上述代码中，第 4～7 行代码使用 app.post()定义中间件，当浏览器向 "/post" 路径发送请求时，如果该中间件被执行，就会将 req.name 属性的值设置为 "李四"；第 9 行代码用于将 req.name 的值发送到浏览器。

（4）打开命令行工具，切换到 server 目录，执行如下命令，启动服务器。

```
node post.js
```

（5）单击图 4-5 所示的 "发送 POST 请求" 按钮，结果如图 4-6 所示。

从图 4-6 中可以看出，页面中成功展示了服务器返回的数据 "李四"，说明中间件对浏览器发送的 POST 请求进行了处理。首先使用中间件将

图 4-6　单击 "提交" 按钮后的结果

req.name 的值设置为 "李四"，然后通过路由返回 req.name 的值 "李四"。

3. 通过 app.use()定义中间件

通过 app.use()定义的中间件既可以处理 GET 请求又可以处理 POST 请求。在多个 app.use()设置了相同请求路径的情况下，服务器都会接收请求并进行处理。

为了让读者更好地理解如何通过 app.use()定义中间件，下面通过例 4-4 进行讲解。

【例 4-4】

（1）在 C:\code\chapter04\server 目录中新建 form.js 文件，编写如下代码，通过 app.use()定义中间件，该中间件用于处理 GET 和 POST 请求。

```
1  const express = require('express');
2  const app = express();
3  app.use('/form', (req, res, next) => {
4    req.name = '张三';
5    next();
6  });
7  app.use('/form', (req, res) => {
8    res.send(req.name);
9  });
```

```
10 app.listen(3000);
11 console.log('服务器启动成功');
```

　　上述代码中,第 3 行代码将 app.use()方法的第 1 个参数设置为"/form";第 8 行代码将 req.name 的值返回给浏览器。

　　(2)打开命令行工具,切换到 server 目录,执行如下命令,启动服务器。

```
node form.js
```

　　(3)在浏览器中打开"http://localhost:3000/form",发起 GET 请求,结果如图 4-7 所示。

　　在图 4-7 中,页面显示的内容为"张三",说明当使用表单向"http://localhost:3000/form"地址 发起 GET 请求时,该请求会被 app.use()处理,最后在页面中展示了"张三"。

　　(4)在 server\index.html 文件中,修改 form 表单的 action 属性为"http://localhost:3000/form", 示例代码如下。

```
<form action="http://localhost:3000/form" method="post" style="width: 245px;">
```

　　(5)在浏览器中打开 index.html 文件,单击表单中的"发送 POST 请求"按钮,结果如图 4-8 所示。

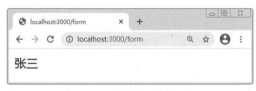

图 4-7　发起 GET 请求的结果　　　　　图 4-8　单击"发送 POST 请求"按钮结果

　　在图 4-8 中,页面显示的内容为"张三",说明当浏览器向"http://localhost:3000/form"地址发 起 POST 请求时,该请求会被 app.use()处理。

　　app.use()方法的请求路径参数可以省略,省略时表示不指定路径,所有的请求都会被处理。 下面通过例 4-5 讲解 app.use()定义中间件时省略请求路径的情况。

【例 4-5】

　　(1)在 C:\code\chapter04\server 目录中新建 use.js 文件,通过 app.use()定义一个省略请求路径 的中间件,然后通过 app.post()定义两个带有请求路径的中间件,这两个中间件用于观察当有多个 中间件时的执行结果。use.js 文件代码如下。

```
1  const express = require('express');
2  const app = express();
3  // 定义中间件,省略请求路径
4  app.use((req, res, next) => {
5    req.user = {};
6    next();
7  });
8  app.post('/post', (req, res, next) => {
9    req.user.age = '30';
10   next();
11 });
```

```
12 app.post('/post', (req, res) => {
13   res.send(req.user.age);
14 });
15 app.listen(3000);
16 console.log('服务器启动成功');
```

上述代码中，第 5 行代码定义 req.user 属性的值为 "{}" 对象，表示用户对象；第 9 行代码设置用户对象的年龄为 30；第 13 行代码响应 req.user.age 的值。

（2）打开命令行工具，切换到 server 目录，执行如下命令，启动服务器。

```
nodemon use.js
```

（3）在浏览器中打开 server\index.html 文件，发起 POST 请求，结果如图 4-9 所示。

图 4-9 出现了用户年龄 "30" 的结果，说明当浏览器向 "http://localhost:3000/post" 地址发送 POST 请求时，POST 请求被 app.use() 进行了处理。首先使用 app.use() 将 req.user 的值设置为空对象，

图 4-9　发起 POST 请求的结果

然后使用下一个中间件将 req.user.age 的值设置为 30，最后使用路由返回最终的用户年龄。

（4）在 use.js 中增加 GET 请求处理的代码。在上述步骤（1）中第 14 行代码后编写如下代码，使用 app.get() 定义中间件，返回用户的用户名。

```
1  app.get('/request', (req, res, next) => {
2    req.user.name = '张三';
3    next();
4  });
5  app.get('/request', (req, res) => {
6    res.send(req.user.name);
7  });
```

上述代码中，第 2 行代码设置 req.user.name 属性的值为 "张三"，并调用 next() 函数；第 6 行代码响应 req.user.name 属性。

（5）在浏览器中打开 "http://localhost:3000/request"，发起 GET 请求，结果如图 4-10 所示。

图 4-10 出现了用户名 "张三" 的结果，说明当浏览器向 "http://localhost:3000/request" 地址

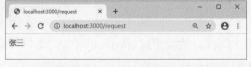

图 4-10　发起 GET 请求的结果

发送 GET 请求时，GET 请求也会被 app.use() 进行处理。首先使用 app.use() 将 req.user 的值设置为空对象，然后交给下一个中间件进行处理，将 req.user.name 的值设置为 "张三"，最后交给路由处理，返回最终的用户名。

4. app.use() 接收函数调用

在前面学习 app.use() 时已知道 app.use() 可以接收请求处理函数。如果将请求处理函数作为函数的返回值传给 app.use()，那么该返回值也可以被 app.use() 接收，这就是 app.use() 接收函数调用的语法，示例代码如下。

```
app.use(fn());
function fn(obj) {
  return function(req, res, next) {
    next();
    };
};
```

上述代码中，app.use()接收 fn()函数调用后的返回值作为参数，当客户端向服务器端发送请求时，app.use()会拦截所有请求，并调用 fn()函数返回的请求处理函数。fn()函数接收 obj 作为参数，该参数是可选的，在调用时可以省略。fn()函数使用 return 关键字返回请求处理函数，该请求处理函数中调用了 next()函数。

为了让读者更好地理解如何使用 app.use()接收函数调用，下面通过例 4-6 进行讲解。

【例 4-6】

（1）在 C:\code\chapter04\server 目录中新建 useFn.js 文件，编写如下代码，在调用 fn()函数时传入参数，并根据 obj.a 的值打印不同的信息。

```
1  const express = require('express');
2  const app = express();
3  // 在调用 fn()函数时传入参数
4  app.use(fn({ a:1 }));
5  function fn(obj) {
6    return function (req, res, next) {
7      if (obj.a === 1) {
8        console.log(req.url)
9      } else {
10       console.log(req.method)
11     };
12     next();
13   };
14 };
15 app.listen(3000);
16 console.log('服务器启动成功');
```

上述代码中，第 4 行代码给 fn()函数传入{a:1}对象；第 5~14 行代码定义 fn()函数，使用 obj 参数接收{a:1}对象。其中，第 7~11 行代码对 obj.a 属性的值进行判断，如果 obj.a 的值为 1，则向客户端响应请求地址，否则响应请求方式。第 12 行代码调用 next()函数并将函数交给下一个中间件或路由进行处理。

（2）使用 app.get()中间件定义 "/fn" 路由。在步骤（1）的第 14 行代码后，编写如下代码。

```
1  app.get('/fn', (req, res) => {
2    res.send('ok');
3  });
```

上述代码中，当 GET 请求成功时，服务器的响应结果为 "ok"。

（3）打开命令行工具，切换到 server 目录，执行如下命令，启动服务器。

```
node useFn.js
```

（4）在浏览器地址栏中访问 "http://localhost:3000/fn"，向服务器发起 GET 请求，结果如图 4-11

所示。

（5）请求成功后，在命令行工具中查看运行结果，如图 4-12 所示。

图 4-11　向服务器发起 GET 请求的结果　　　　　　图 4-12　命令行工具中查看运行结果

在图 4-12 中，控制台中打印了 "/fn" 请求地址，说明 app.use() 传递函数调用成功了。

4.2.3　利用中间件处理静态资源

express.static() 是 Express 框架提供的内置中间件，用于实现静态资源访问功能，它可以方便地托管静态资源。常见的静态资源有图片、CSS、JavaScript 和 HTML 文件等。express.static() 接收静态资源访问目录作为参数。

express.static() 需要作为 app.use() 的参数使用，示例代码如下。

```
app.use(express.static('public'));
```

上述代码中，app.use() 会拦截所有请求，然后交给 express.static() 来处理。express.static() 的参数 "public" 是静态资源访问目录。express.static() 的内部会判断客户端发来的请求，如果是静态资源请求，就直接响应给客户端，终止当前请求；否则就会调用 next() 函数，将控制权交给下一个中间件或路由进行处理。

为了让读者更好地理解如何使用 express.static() 内置中间件实现静态资源访问，下面通过例 4-7 进行讲解。

【例 4-7】

（1）在 C:\code\chapter04\server 目录中新建 public 目录，用于存放静态文件。public 目录中需要存放一个图片文件 images\1.jpg，读者可以从本书配套资源中获取。public 目录结构如图 4-13 所示。

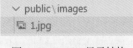

图 4-13　public 目录结构

从图 4-13 可以看出，public 目录下包含 images 目录，以及 images\1.jpg 文件。当前 public 目录下只有 image 目录，在编辑器里会显示成 public\images 的形式（在同一行显示）。

（2）在 server 目录中新建 static.js 文件，编写如下代码，将 public 设置为静态资源访问目录，从而实现静态资源访问功能。

```
1  const express = require('express');
2  const app = express();
3  // 静态资源处理
4  app.use(express.static('public'));
5  app.listen(3000);
6  console.log('服务器启动成功');
```

上述代码中，第4行代码设置当前目录下的 public 目录为静态资源访问目录。

（3）打开命令行工具，切换到 server 目录，执行如下命令，启动服务器。

```
node static.js
```

（4）成功开启了 Express 框架静态资源访问功能后，在浏览器中访问"http://localhost:3000/images/1.jpg"，访问结果如图 4-14 所示。

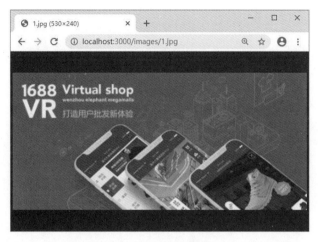

图 4-14　例 4-7 访问结果（1）

在图 4-14 中，浏览器成功访问了静态资源目录下 images 中的 1.jpg 图片，说明成功实现了静态资源访问。

（5）在 public 目录下创建 index.html 文件，用于实现通过浏览器访问静态资源 index.html 文件，具体代码如下。

```
1  <!DOCTYPE html>
2  <html>
3  <head>
4    <meta charset="UTF-8">
5    <title>首页</title>
6  </head>
7  <body>
8    <p>首页</p>
9  </body>
```

上述代码中，第8行代码用于定义<p>标签内容为"首页"。

（6）在浏览器中打开"http://localhost:3000/index.html"，访问结果如图 4-15 所示。

在图4-15中，成功展示了"首页"的页面效果，说明通过静态资源成功访问了 index.html 文件。另外，读者也可以在 public 目录下存放带有 css、js 等扩展名的静态资源文件，然后通过相应的路径来访问。

图 4-15　例 4-7 访问结果（2）

>   ┃┃┃ 小提示：

当通过浏览器直接访问"http://localhost:3000/"时，因为服务器会默认返回 public 目录下的 index.html 文件，所以在 URL 中可以省略 index.html。而访问其他文件时则需要添加要访问的文件名称才可以访问。

4.2.4　利用中间件处理错误

在程序执行的过程中，不可避免地会出现一些无法预料的错误，例如文件读取失败、数据库连接失败等，这时候就需要用到错误处理中间件集中处理错误。

利用 app.use()定义错误处理中间件的示例代码如下。

```
app.use((err, req, res, next) => {
  console.log(err.message);
});
```

上述代码中，相比之前学过的代码，app.use()的请求处理函数多了一个 err 参数。添加 err 参数就表示利用中间件来处理错误。

为了让读者更好地理解如何利用中间件处理错误，下面以处理文件读取错误为例进行讲解，具体如例 4-8 所示。

【例 4-8】

（1）在 C:\code\chapter04\server 目录下新建 error.js 文件，编写如下代码，实现在 app.get()中间件中进行文件读取操作，并在读取发生错误时，返回文件读取失败的错误信息。

```
1  const express = require('express');
2  const fs = require('fs');
3  const app = express();
4  app.get('/readFile', (req, res, next) => {
5    fs.readFile('./a.txt', 'utf8', (err, result) => {
6      if (err != null) {
7        next(err);
8      } else {
9        res.send(result)
10     };
11   });
12 });
13 // 错误处理中间件
14 app.use((err, req, res, next) => {
15   res.status(500).send(err.message);
16 });
17 app.listen(3000);
18 console.log('服务器启动成功');
```

上述代码中，第 2 行代码导入 Node.js 中的文件系统模块 fs；第 4 行代码调用 app.get()方法来定义"/readFile"中间件；第 5 行代码使用 fs.readFile()方法读取文件，./a.txt 表示访问当前目录下的文件路径地址，utf8 表示文件编码格式，回调函数中的 err 表示文件读取错误信息，result 表示文件数据。第 6～10 行代码中，如果 err 的值不等于 null，说明读取文件错误，将错误信息通过参数的形式传递给 next() 函数，并由下一个中间件对 err 进行处理；如果文件读取成功，就返回文件数据 result。第 15 行代码调用 res.status() 方法将错误状态码设置为 500，表示服务器内部发生错误，调用 send() 方法发送 error.message 错误信息提示。

（2）打开命令行工具，切换到 server 目录，执行如下命令，启动服务器。

```
node error.js
```

（3）在浏览器中打开 "http://localhost:3000/readFile"，运行结果如图 4-16 所示。

在图 4-16 中，页面展示了服务器返回的 error.message 错误信息。说明在读取 "C:\code\chapter04\server\a.txt" 文件时，如果 a.txt 文件不存在，则文件读取不成功，可通过文件错误处理中间件将 error.message 错误信息返回给客户端。

（4）在 server 目录中新建 a.txt 文件，并在该文件中输入 "成功读取了 a.txt 文件"，刷新浏览器页面，运行结果如图 4-17 所示。

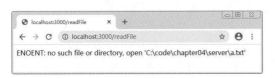

图 4-16　例 4-8 运行结果（1）

图 4-17　例 4-8 运行结果（2）

从图 4-17 可以看出，已成功读取了 a.txt 文件内容。在读取 "C:\code\chapter04\server\a.txt" 文件时，如果 a.txt 文件存在，文件读取成功，就不需要错误处理中间件进行处理了，而是将读取到的文件内容展示到页面中。

多学一招：同步方法与异步方法的区别

Node.js 中的 fs 模块可使用异步方法和同步方法。例如，读取文件内容的同步方法是 fs.readFileSync()，具体如下。

```
fs.readFileSync(filename, encoding)
```

上述代码中，filename 表示文件路径；encoding 表示编码格式，该项是可选的。

读取文件内容的异步方法是 fs.readFile()，具体如下。

```
fs.readFile(filename, encoding, [callback(err,data)])
```

上述代码中，filename 表示文件路径；encoding 表示编码格式，该项是可选的。fs.readFile() 方法的最后一个参数为回调函数，回调函数的参数包含了错误信息 err 和文件内容 data。异步方法与同步方法相比，异步方法的性能更好，速度更快，且没有阻塞，建议大家使用异步方法。

4.2.5　利用中间件捕获异步函数错误

异步函数错误是异步函数中以及其他同步代码在执行过程中发生的错误，它使用 try…catch…语法结合 async、await 关键字来实现，示例代码如下。

```
app.get('/async', async (req, res, next) => {
  try {
    // readFile()是异步函数
    await readFile('./aaa.js');
  } catch(err) {
    next(err);
  };
});
```

上述代码中，在 try{}中书写异步函数代码，如果 try{}中的代码存在错误就会执行 catch(){}中的代码，将错误信息 err 传递给下一个中间件。

为了让读者更好地理解如何实现异步函数错误的捕获，下面通过例 4-9 进行讲解。

【例 4-9】

（1）在 C:\code\chapter04\server 目录中，新建 async.js 文件，实现使用异步函数 fs.readFile 读取不存在的文件，获取文件读取失败错误信息 err。为了使 fs.readFile 支持 async、await 异步函数调用方式，需要借助 promisify 模块来实现。async.js 文件代码如下。

```
1  const express = require('express');
2  const fs = require('fs');
3  const promisify = require('util').promisify;
4  const readFile = promisify(fs.readFile);
5  const app = express();
6  app.get('/async', async (req, res, next) => {
7    await readFile('./aaa.js');
8  });
9  app.listen(3000);
10 console.log('服务器启动成功');
```

上述代码中，第 3 行代码使用 require('util')方法导入 util 模块，并将 promisify 属性的值赋值给 promisify 常量；第 4 行代码调用 promisify()方法，将 fs.readFile 传入；第 6～8 行代码定义 "/async" 中间件，使用 async 关键字定义异步回调函数，然后在调用 readFile()函数时在前面加上了 await 关键字，readFile()函数接收 "./aaa.js" 文件路径作为参数，表示访问当前目录下的 aaa.js 文件。

（2）打开命令行工具，切换到 server 目录，执行如下命令，启动服务器。

```
node async.js
```

（3）在浏览器中访问 "http://localhost:3000/async"，运行结果如图 4-18 所示。

在图 4-18 中，浏览器的 "新标签页" 中的左侧位置有 " ↻ " 图标，表示正在等待 "localhost:3000/async" 服务器的响应。

（4）切换到命令行工具，运行结果如图 4-19 所示。

图 4-18　例 4-9 运行结果（1）　　　　　　　图 4-19　例 4-9 运行结果（2）

在图 4-19 中，在命令行工具中成功地打印了错误信息，说明服务器发生了错误，导致当浏览器访问时，一直等待 "localhost:3000/async" 服务器的响应。

（5）修改上述步骤（1）中第 6~8 行代码，改成如下代码，使用 try…catch…捕获异步函数 readFile() 中的错误信息 err。

```
1  app.get('/async', async (req, res, next) => {
2    try {
3      await readFile('./aaa.js');
4    } catch(err) {
5      next(err);
6    };
7  });
```

上述代码中，在 try{} 中放入可能存在错误的代码，如果 try{} 中的代码存在错误就执行 catch(){}{} 中的代码。catch() 方法调用了 next() 函数，并将错误信息 err 通过参数的形式传递给 next() 函数进行处理。

（6）使用 node async.js 命令启动服务器，刷新浏览器页面，运行结果如图 4-20 所示。

图 4-20　例 4-9 运行结果（3）

图 4-20 展示了 err 错误信息，说明已经成功捕获了异步函数 readFile() 中的错误信息 err，并使用 next() 函数将错误信息 err 交给下一个中间件进行处理，如果当前请求处理完毕，就终止当前请求，并将 err 错误信息展示到页面中。

需要注意的是，此时在命令行工具中已经不存在报错信息了。如果程序不报错就可以继续向下执行，即在实际开发过程中，程序不会因为没有读取到一个 aaa.js 文件而终止运行。

4.3　Express 模块化路由

通过前面讲解的内容，已可以使用 app.get() 方法和 app.post() 方法来实现简单的路由功能，但没有对路由进行模块化管理。在实际的项目开发中，不推荐将不同功能的路由都混在一起存放在一个文件中，因为随着路由的种类越来越多，管理起来会非常麻烦。为了方便路由的管理，通过 express.Router()实现模块化路由管理。下面讲解 Express 模块化路由的相关知识。

4.3.1　模块化路由的基本使用

express.Router()方法用于创建路由对象 route，然后使用 route.get()和 route.post()来注册当前模块路由对象下的二级路由，这就是一个简单的模块化路由。

express.Router()方法定义 route 对象的示例代码如下。

```
const route = express.Router();
```

上述代码中，express.Router()方法表示创建模块化路由对象。

route 对象下可以定义二级路由，示例代码如下。

```
route.get('请求路径', '请求处理函数');        // 接收并处理 route 下的 GET 请求
route.post('请求路径', '请求处理函数');       // 接收并处理 route 下的 POST 请求
```

上述代码中，route.get()可以定义 route 下的二级 GET 路由；route.post()可以定义 route 下的二级 POST 路由。

route 对象创建成功后，使用 app.use()注册 route 模块化路由，示例代码如下。

```
app.use('请求路径', route);
```

上述代码中，app.use()的第 1 个参数为请求路径，例如 "/route"；app.use()的第 2 个参数为路由对象。

为了让读者更好地理解如何使用 express.Router()定义二级路由，下面通过例 4-10 进行讲解。

【例 4-10】

（1）在 C:\code\chapter04\server 目录下新建 route.js 文件，编写如下代码，实现 "欢迎来到首页" 的页面效果。

```
1  const express = require('express');
2  const app = express();
3  const route = express.Router();
4  // 在 route 路由下创建二级路由
5  route.get('/index', (req, res) => {
6    res.send('欢迎来到首页');
7  });
8  app.use('/route', route);
9  app.listen(3000);
10 console.log('服务器启动成功');
```

上述代码中，第 3 行代码调用 express.Router()方法创建路由对象；第 5 行代码调用 route.get()方法定义 route 路由对象下的二级路由，"/index" 表示请求路径，该二级路由通过 "/route/index" 路径地址来访问；第 8 行代码使用 app.use()来匹配请求路径，表示当客户访问 "/route" 时，可以匹配到 route 路由对象。

（2）打开命令行工具，切换到 server 目录，执行如下命令，启动服务器。

```
node route.js
```

（3）在浏览器中打开"http://localhost:3000/route/index"，访问结果如图 4-21 所示。

图 4-21　例 4-10 访问结果

在图 4-21 中，展示了"欢迎来到首页"的信息，说明浏览器成功访问了 route 路由对象下定义的二级路由"http://localhost:3000/route/index"。

4.3.2　构建模块化路由

express.Router() 方法可以将同一类路由放在一个单独的文件中，每个单独的文件表示一个单独的模块，通过文件的名称来区分路由的功能。例如，在 home.js 文件中定义"博客前台"路由，在 admin.js 文件中定义"博客后台"路由。

为了让读者更好地理解如何构建模块化路由，下面通过案例演示"博客前台"和"博客后台"的模块化路由构建，具体如例 4-11 所示。

【例 4-11】

（1）在 C:\code\chapter04\server 目录中新建 route 目录，在该目录下创建 home.js，编写如下代码，定义"博客前台"模块化路由。

```
1  const express = require('express');
2  const home = express.Router();
3  // 在 home 模块化路由下创建路由
4  home.get('/index', (req, res) => {
5    res.send('欢迎来到博客展示页面');
6  });
7  module.exports = home;
```

上述代码中，第 2 行代码用于创建"博客前台"模块化路由对象 home；第 4～6 行代码使用 home.get() 定义"/index"GET 路由，返回"欢迎来到博客展示页面"的信息；第 7 行代码使用 module.exports 导出 home 模块化路由对象。

（2）在 server 目录中新建 module.js，编写如下代码，使用 app.use() 注册 home 模块化路由。

```
1  const express = require('express');
2  const home = require('./route/home.js');
3  const app = express();
4  app.use('/home', home);
5  app.listen(3000);
6  console.log('服务器启动成功');
```

上述代码中，第 2 行代码引入 route 目录下的 home.js 文件，并赋值给 home 常量；第 4 行代码使用 app.use() 匹配请求路径地址和路由，表示当浏览器访问"/home"路由时，会访问到 home

模块化路由对象中的相关路由。

（3）打开命令行工具，切换到 server 目录，启动服务器，执行如下命令。

```
nodemon module.js
```

（4）在浏览器中打开 "http://localhost:3000/home/index"，访问结果如图 4-22 所示。

图 4-22　例 4-11 访问结果（1）

图 4-22 展示了 "欢迎来到博客展示页面" 的信息，说明浏览器成功访问了 home 模块中定义的路由。

（5）在 server\route 目录新建 admin.js 文件，编写如下代码，定义 "博客后台" 的模块化路由。

```
1  const express = require('express');
2  const admin = express.Router();
3  // 在 admin 模块化路由下创建路由
4  admin.get('/index', (req, res) => {
5    res.send('欢迎来到博客管理页面');
6  });
7  module.exports = admin;
```

上述代码中，第 2 行代码用于创建 "博客后台" 模块化路由对象 admin；第 4~6 行代码在 admin 下创建二级路由 "/admin/index"，返回 "欢迎来到博客管理页面" 的信息。

（6）修改 module.js 中的代码，使用 app.use() 注册 admin 模块化路由。

```
1  const admin = require('./route/admin.js');
2  const express = require('express');
3  const app = express();
4  app.use('/admin', admin);
5  app.listen(3000);
6  console.log('服务器启动成功');
```

上述代码中，第 1 行代码引入 route 目录下的 admin.js 文件；第 4 行代码使用 app.use() 注册 admin 模块化路由，当浏览器访问 "/admin" 路由时，使用 admin 模块化路由对象进行处理。

（7）保存文件，在浏览器中打开 "http://localhost:3000/admin/index"，访问结果如图 4-23 所示。

图 4-23 展示了 "欢迎来到博客管理页面" 的信息，说明浏览器成功访问了 admin 模块中定义的路由。

图 4-23　例 4-11 访问结果（2）

4.4　Express 接收请求参数

使用原生 Node.js 处理 GET 和 POST 请求参数是非常麻烦的，例如，为了获取 GET 请求参数，需要使用 url 模块对请求地址进行解析。为了降低开发的难度，Express 通过 req.query、req.body 和第三方模块 body-parser 对请求参数进行了处理。下面讲解 Express 如何接收请求参数。

4.4.1　Express 接收 GET 请求参数

Express 框架中的 req.query 用于获取 GET 请求参数，框架内部会将 GET 参数转换为对象并返回。利用 req.query 获取 GET 请求参数的示例代码如下。

```
app.get('/', (req, res) => {
  res.send(req.query);
});
```

上述代码使用 res.send() 将 req.query 的值响应给浏览器，从而在页面中显示服务器接收到的 GET 请求参数。

为了让读者更好地理解如何使用 Express 接收 GET 请求参数，下面通过例 4-12 进行讲解。

【例 4-12】

（1）在 C:\code\chapter04\server 目录下新建 query.js 文件，编写如下代码，使用 req.query 获取 GET 请求参数。

```
1  const express = require('express');
2  const app = express();
3  app.get('/query', (req, res) => {
4    res.send(req.query);
5  });
6  app.listen(3000);
7  console.log('服务器启动成功');
```

上述代码中，第 3～5 行代码定义 "/query" 路由，其中，第 4 代码使用 req.query 属性获取请求参数对象的值，并将该参数对象返回给浏览器。

（2）打开命令行工具，切换到 server 目录，执行如下命令，启动服务器。

```
node query.js
```

（3）在浏览器的地址栏中输入请求地址，具体地址如下。

```
http://localhost:3000/query?name=zhangsan&age=30
```

上述请求地址中，"？"符号后面的 "name=zhangsan&age=30" 用于传递请求参数，多个请求参数可使用 "&" 符号连接。访问结果如图 4-24 所示。

需要注意的是，如果不传递 GET 请求参数，就会在浏览器页面中展示一个空对象。

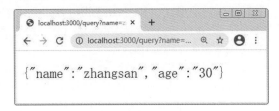

图 4-24　例 4-12 访问结果（1）

（4）如果使用表单发起 GET 请求，请求参数会被自动添加到请求地址后面，在服务器端也可以直接使用 req.query 来获取请求参数。在 server\index.html 文件中，修改<form>标签的 action 属性为 "http://localhost:3000/query"，示例代码如下。

```
1  <!-- 创建普通的 form 表单 -->
2  <form action="http://localhost:3000/query" method="get" style="width: 245px;">
3    用户名: <input type="text" style="float: right;" name="username" /><br><br>
4    密码: <input type="password" style="float: right;" name="password" /><br><br>
5    <input type="submit" value="提交" />
6  </form>
```

上述代码中，第 2 行代码设置 action 的值为 "http://localhost:3000/query"，表示请求地址；method 的值为 get，表示请求的方式为 GET 请求。第 3 行代码定义用户名输入框，用于将用户名输入框 type 属性的值设置为 text；name 属性的值设置为 username。第 4 行代码定义密码输入框，用于将密码输入框 type 属性的值设置为 password；name 属性的值设置为 password。第 5 行代码定义表单 "提交" 按钮，设置 type 属性的值为 submit，设置 value 属性的值为 "提交"，当单击 "提交" 按钮时，触发表单提交事件，将表单中输入的用户名和密码通过 POST 请求的方式发送到服务器。

（5）在浏览器中打开 index.html，访问结果如图 4-25 所示。

（6）在图 4-25 中输入用户名 "zhangsan" 和密码 "123456"，单击 "提交" 按钮，访问结果如图 4-26 所示。

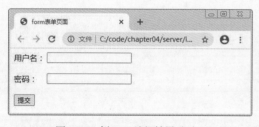

图 4-25   例 4-12 访问结果（2）

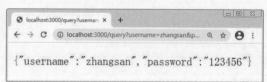

图 4-26   例 4-12 访问结果（3）

在图 4-26 中，展示了用户名和密码信息，说明表单实现了 GET 请求参数的传递，这些信息是通过地址栏中的 "username=zhangsan&password=123456" 传递的。

4.4.2 Express 接收 POST 请求参数

Express 中的 req.body 用于获取 POST 请求参数，需要借助第三方 body-parser 模块将 POST 参数转换为对象形式。利用 req 获取 POST 请求参数的示例代码如下。

```
app.post('/body', (req, res) => {
  res.send(req.body);
});
```

body-parser 是一个 HTTP 请求体解析的中间件，使用这个模块可以处理 POST 请求参数，使用起来非常方便。使用 body-parser 模块处理表单数据的示例代码如下。

```
app.use(bodyParser.urlencoded({ extended: false }));
```

上述代码中，bodyParser.urlencoded()方法接收{ extended: false}作为参数，表示在方法的内部使用 querystring 系统模块来处理 POST 请求参数；如果参数为{ extended: true}，则表示使用 qs 第三方模块进行处理。虽然 qs 模块比 querystring 模块功能要强大一些，但是在这里使用 querystring 模块就可以满足要求。

为了让读者更好地理解如何使用 Express 框架的 req.body 及第三方模块 body-parser 来获取 POST 请求参数，下面通过例 4-13 进行讲解。

【例 4-13】

（1）在处理 POST 请求参数之前，首先要完成 body-parser 模块的安装。在 C:\code\ chapter04\ server 目录中，执行如下命令，安装 body-parser 模块。

```
npm install body-parser@1.18.3 --save
```

上述命令中，@1.18.3 表示 body-parser 的版本号；--save 表示运行时依赖。

（2）在 server 目录下新建 body.js 文件，编写如下代码，实现返回 req.body 请求参数。

```
1  const express = require('express');
2  const bodyParser = require('body-parser');
3  const app = express();
4  app.use(bodyParser.urlencoded({ extended: false }));
5  app.post('/body', (req, res) => {
6    res.send(req.body);
7  });
8  app.listen(3000);
9  console.log('服务器启动成功');
```

上述代码中，第 2 行代码引入 body-parser 模块；第 4 行代码调用 app.use()，该方法接收 bodyParser.urlencoded({ extended: false }) 参数，它可以对请求进行处理，如果请求中包含请求参数，就将请求参数转换为对象类型并存放到 req.body 属性中，然后在该方法的内部交给下一个中间件，最后就可以在路由中通过 req.body 获取到请求参数对象；第 5~7 行代码定义 "/body" 路由，返回 req.body 请求参数对象。

（3）打开命令行工具，切换到 server 目录，执行命令如下，启动服务器。

```
node body.js
```

（4）在 server\index.html 文件中编写如下代码，修改 form 表单的 action 属性为 "http://localhost: 3000/body"。

```
1  <form action="http://localhost:3000/body" method="post" style="width: 245px;">
2  用户名: <input type="text" style="float: right;" name="username" /><br><br>
3  密码: <input type="password" style="float: right;" name="password" /><br><br>
4  <input type="submit" value="提交">
5  </form>
```

上述代码中，第 1 行代码设置 action 的值为 "http://localhost:3000/body"，表示请求地址；设置 method 的值为 "post"，表示请求方式为 POST 请求。

（5）在浏览器中打开 index.html 文件，输
入用户名"zhangsan"和密码"123456"，单击
"提交"按钮，结果如图 4-27 所示。

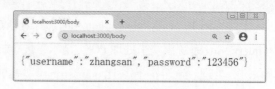

图 4-27 中展示了用户名和密码信息，说
明表单实现了 POST 请求参数的传递。POST 请

图 4-27　单击"提交"按钮结果

求参数与 GET 请求参数不同之处在于，POST 请求参数不会在浏览器地址栏中展示。

4.4.3　Express 接收路由参数

在定义路由时，可以在请求路径中传递参数，例如请求路径"/find/:id"中的":id"是一个参
数占位符，当浏览器向"/find/:id"地址发送请求时，":id"对应的值就是参数值。通常情况下，
把写在路由请求路径中的参数称为路由参数。通过请求路径传递参数，可以让路由代码看起来非
常美观，且请求参数会被清晰地展示出来。

Express 路由参数的示例代码如下。

```
app.get('/find/:id', (req, res) => {
res.send(req.params);
});
```

上述代码使用 req.params 请求参数对象接收路由参数。

为了让读者更好地理解如何使用 req.params 获取路由参数，以及如何在浏览器的地址栏中书
写请求路径地址，下面通过例 4-14 进行讲解。

【例 4-14】

（1）在 C:\code\chapter04\server 目录下，新建 params.js 文件，编写如下代码，使用 req.params
获取路由参数。

```
1  const express = require('express');
2  const app = express();
3  app.get('/find/:id', (req, res) => {
4    res.send(req.params);
5  });
6  app.listen(3000);
7  console.log('服务器启动成功');
```

上述代码中，第 4 行代码使用 req.params 获取路由参数。

（2）打开命令行工具，切换到 server 目录，执行如下命令。

```
nodemon params.js
```

（3）在浏览器的地址栏中输入请求地址，具体地址如下。

```
http://localhost:3000/find/123
```

上述请求地址中，"123"是路由参数，它与":id"是对应的关系。访问结果如图 4-28 所示。

图 4-28 展示了结果"{"id":"123"}"，说明服务器成功接收到了路由参数，并将路由参数返回
给了浏览器。需要注意的是，如果在浏览器地址栏中只填写"http://localhost:3000/find"是访问不
到该路由的，因为路由参数不能省略。

（4）修改上述步骤（1）中的第 3~5 行代码，可实现多个参数的传递，通过路由参数:id、:name 和:age 分别传递用户 id、用户名和年龄。

```
1  app.get('/find/:id/:name/:age', (req, res) => {
2    res.send(req.params);
3  });
```

上述代码中，在 ":id" 路由参数基础上，添加了 ":name""age" 两个参数。

（5）在浏览器中打开 "http://localhost:3000/find/123/zhangsan/30"，访问结果如图 4-29 所示。

图 4-28　例 4-14 访问结果（1）

图 4-29　例 4-14 访问结果（2）

在图 4-29 中，当浏览器访问 "/find/:id/:name/:age" 路由时，必须书写与 ":id""name""age" 对应的参数，否则无法访问该路由。

4.5　Express 模板引擎

Express 支持 Jade、EJS、express-art-template 等多种模板引擎，使用模板引擎可以极大地提高网站页面的开发效率。前面已学习了 art-template 模板引擎，在 Express 中可以使用基于 art-template 模板引擎封装的 express-art-template 模板引擎。下面讲解 Express 模板引擎的使用。

4.5.1　配置模板引擎

为了使 art-template 模板引擎能够与 Express 框架配合使用，art-template 模板引擎作者在原有的 art-template 模板引擎的基础上封装了 express-art-template 模板引擎。下面通过例 4-15 讲解 express-art-template 模板引擎的配置过程。

【例 4-15】

（1）在 C:\code\chapter04\server 目录中，执行如下命令。

```
npm install art-template express-art-template --save
```

上述命令用于安装 art-template、express-art-template 模板引擎模块。

（2）在 server 目录中，新建 art.js 文件，编写如下代码，实现模板引擎的配置。

```
1  const express = require('express');
2  const path = require('path')
3  const app = express();
4  // 配置模板引擎
5  app.engine('art', require('express-art-template'));
6  app.set('views', path.join(__dirname, 'views'));
7  app.set('view engine', 'art');
```

```
8  app.listen(3000);
9  console.log('服务器启动成功');
```

上述代码中，第 2 行代码引入 path 模块并赋值给 path 常量。第 5 行代码的 app.engine()方法用于配置模板引擎，其中第 1 个参数 art 表示模板文件的文件名后缀为 ".art"，例如 index.art；第 2 个参数表示使用 express–art–template 模板引擎进行处理。

第 6 行代码通过 app.set()方法对 app 对象进行设置，第 1 个参数表示设置模板文件存放的路径，第 2 个参数用于传入模板文件存放的路径，建议使用绝对路径。

第 7 行代码用于设置模板引擎默认文件名后缀。Express 框架允许同时使用 Jade、EJS 等多款模板引擎，需要通过文件名后缀区分对应的模板引擎，因为这里只用到了一款模板引擎，所以第 7 行代码将 art 设为模板引擎的默认后缀。

4.5.2　模板引擎的简单使用

成功配置 express–art–template 模板引擎后，就可以在 Express 框架中使用模板引擎了。

下面通过例 4–16 讲解如何使用 express–art–template 模板引擎渲染 index.art 模板文件。

【例 4–16】

（1）在 C:\code\chapter04\server 目录下新建 views 目录，然后在 views 目录下新建 index.art 模板文件，编写如下代码，实现 msg 信息的渲染。

```
{{ msg }}
```

上述代码通过 "{{ }}" 语法输出了 msg 变量。

（2）打开例 4–15 中编写的 art.js，在第 7 行代码后添加如下代码。

```
1  app.get('/art', (req, res) => {
2    // 渲染模板
3    res.render('index', {
4      msg: 'message'
5    });
6  });
```

上述代码定义了 "/art" 路由，第 3～5 行代码使用 res.render()渲染函数渲染 index 模板，并传递 msg 信息。index 模板对应的模板文件是 index.art，由于在例 4–15 中已经将 art 设置为模板引擎默认文件名后缀，所以此处可以省略该后缀。

（3）打开命令行工具，切换到 server 目录，执行如下命令。

```
node art.js
```

（4）在浏览器中打开 "http://localhost:3000/art"，访问结果如图 4–30 所示。

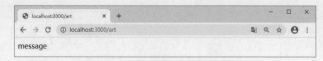

图 4–30　例 4-16 访问结果

在图 4-30 中，页面展示了 "message" 信息，说明成功渲染了 index.art 模板文件中 msg 的内容。

本章小结

本章主要讲解了初识 Express、Express 中间件、Express 模块化路由、Express 接收请求参数以及 Express 模板引擎。通过本章的学习，希望读者能够利用 Express 搭建 Web 服务器、利用中间件处理请求、利用 express.Router() 对路由进行模块化管理、利用 req.query 和 req.body 获取 GET 和 POST 请求参数，以及利用 express-art-template 模板引擎渲染页面。

课后练习

一、填空题

1. app.get() 中间件方法会拦截_____请求。

2. 中间件主要由中间件方法和_____两部分构成。

3. app.post() 中间件方法会拦截_____请求。

4. app.use() 中间件能够处理 GET 请求和_____请求。

5. Express 框架提供的_____内置中间件可以托管静态资源文件。

二、判断题

1. Express 是一个基于 Node 平台的 Web 应用开发框架。（　　）

2. Express 框架支持 express-art-template 模板引擎。（　　）

3. Express 框架提供了方便简洁的路由定义方式，用于执行不同的 HTTP 请求动作。（　　）

4. Express 框架提供了中间件机制，设置中间件来响应 HTTP 请求。（　　）

5. Express 框架中的 req.params 属性用于获取路由参数。（　　）

三、选择题

1. 下列选项中，用于获取 GET 请求参数的是（　　）。

A. res.body　　　B. res.query　　　C. req.body　　　D. req.query

2. 下列选项中，用于获取 POST 请求参数的是（　　）。

A. res.body　　　B. res.query　　　C. req.body　　　D. req.query

3. 下列选项中，用于配置模板引擎的方法是（　　）。

A. app.get()　　　B. app.post()　　　C. app.use()　　　D. app.engine()

4. 下列选项中，用于在请求路径后面连接 GET 请求参数的符号是（　　）。

A. @　　　B. ?　　　C. &　　　D. $

5. 下列选项中，<form>标签的 method 属性的默认值为（　　）。

A. home　　　　　　　B. route　　　　　　C. get　　　D. post

四、简答题

请简述什么是中间件。

第 5 章

Ajax（上）

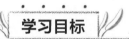

学习目标

拓展阅读

★ 了解 Ajax 的概念，能够对 Ajax 有初步的认识

★ 掌握 Ajax 基本实现步骤，能够发送 Ajax 请求

★ 掌握 Ajax 的请求参数，能够实现请求参数传递

★ 掌握 Ajax 异步编程，能够实现页面局部刷新

★ 掌握 Ajax 错误处理，能够实现 onerror 事件监听

★ 掌握 Ajax 的封装，能够完成 ajax( )函数的编写

在传统网站中，网页无法实现局部更新，当用户刷新页面时，整个页面的数据都会更新，在网速慢的情况下，如果网页非常大，用户体验就会非常不好。为了提高用户的体验，Ajax 实现了网页局部的更新。本章将带领大家走进 Ajax 的世界。

5.1 初识 Ajax

Ajax（Asynchronous JavaScript and XML，异步的 JavaScript 和 XML）是一种网页开发技术，它可以实现页面无刷新更新数据，提高用户浏览网页的体验。为了让大家更好地理解 Ajax，下面将带大家学习 Ajax 的基础知识。

5.1.1 传统网站中存在的问题

在学习 Ajax 之前，首先来看一下传统网站中用户体验不好的地方，具体如下。

1. 页面加载时间长

在传统的网站中，用户只能通过浏览器刷新页面，从服务器获取数据。如果网速慢，获取数据的时间就会很长。当页面加载数据时，用户也不能在该页面进行其他的操作，只能等待网页加载完成。

2. 表单提交的问题

在用户提交表单的时候，如果用户在表单中填写的内容有一项不符合要求，网页就会重新跳转回表单页面。例如用户提交"用户注册"表单后，如果用户输入的邮箱地址已经被别人注册过，服务器就会返回错误信息，并将页面跳转回表单页面。由于页面发生了跳转，刚刚用户填写的信息都消失了，所以用户需要重新填写所有的表单信息。尤其是在用户填写的信息比较多时，每次提交失败都要全部重新填写，用户体验非常不好。

3. 页面无法局部更新

在传统的网站中，当页面发生跳转时，需要重新加载整个页面。其实，一个网站中大部分网页的公共部分（例如头部、底部和侧边栏）都是一样的，没必要重新加载。传统的网页无法局部更新，每个页面都要把公共部分加载一遍，延长了用户的等待时间。

5.1.2　Ajax 的工作原理

在学习 Ajax 工作原理之前，先来看一下传统网站中浏览器端向服务器端发送请求、服务器端向浏览器端响应数据的基本过程。传统网站的工作原理如图 5-1 所示。

图 5-1 中，浏览器端直接向服务器端发送请求，当请求发送成功后，服务器端直接将数据响应给浏览器端。这一过程是开发人员不可控制的，因此会出现 5.1.1 小节所讲到的问题。

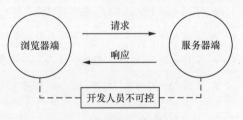

图 5-1　传统网站的工作原理

针对传统网站中存在的问题，Ajax 又是如何解决的呢？Ajax 相当于浏览器端发送请求与接收响应的代理人，在不影响用户浏览页面的情况下，可实现局部更新页面数据。利用 Ajax 可以在页面中开发一些增强用户体验的功能。例如，在页面上拉时加载更多数据，为列表数据实现无刷新分页，在表单项离开焦点时对数据进行验证，以及在搜索框中通过下拉列表提供候选项。

下面将讲解 Ajax 的工作原理，如图 5-2 所示。

图 5-2　Ajax 的工作原理

在图 5-2 中，开发人员可以使用 Ajax 向服务器端发送请求，当请求发送成功后，开发人员可通过 Ajax 根据自己的需求实现不同的功能，整个过程中是开发人员可控的。

需要注意的是，Ajax 技术需要运行在网站环境中才能生效，在这里可以使用 Node.js 来创建网站服务器环境。

5.2　Ajax 基本实现步骤

为了实现 Ajax，首先应创建服务器，然后配置 Ajax 对象，最后通过 Ajax 对象向服务器端发送请求来获取服务器端的响应。下面将详细讲解 Ajax 基本实现步骤。

5.2.1　创建服务器

首先，可以借助 Node.js 开启一个网站服务器。在第 4 章已经讲解了如何基于 Express 框架搭建网站服务器，在本章直接按照这种方式搭建即可。

下面在 C:\code\chapter05 目录中新建 server 目录，然后在 server 目录中下载 Express 框架，并新建 app.js 文件，编写如下代码。

```
 1  const express = require('express');
 2  const path = require('path');
 3  const app = express();
 4  app.use(express.static(path.join(__dirname, 'public')));
 5  // 定义/first 路由
 6  app.get('/first', (req, res) => {
 7    res.send('Hello, Ajax');
 8  });
 9  app.listen(3000);
10  console.log('服务器启动成功');
```

上述代码中，第 4 行代码使用内置的中间件 express.static() 来设置静态文件。其中，path.join() 方法用于拼接静态文件访问目录，__dirname 表示绝对路径，public 表示文件路径。第 6~8 行代码定义 "/first" 路由，当请求 "/first" 路由成功时，会触发请求处理函数，并将 "Hello, Ajax" 发送到客户端。

切换到 server 目录，使用 node app.js 命令启动服务器，运行结果如图 5-3 所示。

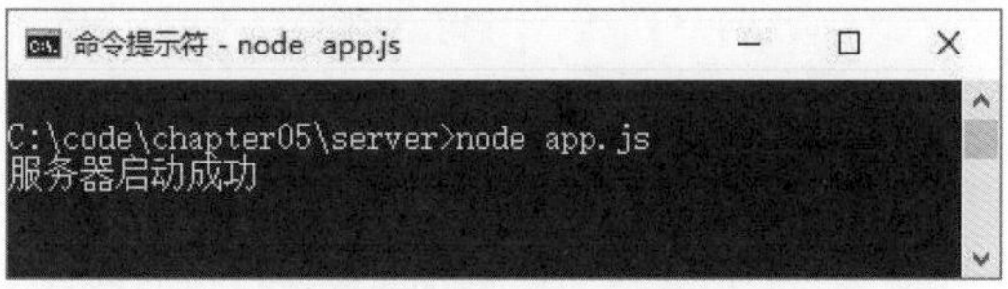

图 5-3　app.js 运行结果

5.2.2　配置 Ajax 对象

在配置 Ajax 对象的过程中，首先需要创建 Ajax 对象，然后使用 open() 方法来配置 Ajax 对象，最后使用 send() 方法发送请求，示例代码如下。

```
 1  var xhr = new XMLHttpRequest();
 2  xhr.open('请求方式', '请求地址');
 3  xhr.send();
```

上述代码中，第 1 行代码使用 XMLHttpRequest() 构造函数创建 Ajax 对象，并赋值给 xhr 变量。

第 2 行代码使用 xhr 调用 open()方法，并使用该方法配置 Ajax 对象发送请求的请求方式和请求地址。open()方法的第 1 个参数表示请求方式，可以为 GET 或 POST 方式，第 2 个参数表示请求地址。第 3 行代码使用 xhr 调用 send()方法发送请求。

5.2.3　获取服务器端的响应

在配置 Ajax 对象之后，我们通过监听 onload 事件和 onreadystatechange 事件，就可以获取服务器端响应到客户端的数据了，下面分别进行讲解。

1. onload 事件

通过 onload 事件获取服务器端响应到客户端的数据，示例代码如下。

```
xhr.onload = function () {};
```

上述代码中，xhr 表示 Ajax 对象；onload 属性的值为事件处理函数。

需要注意的是，在获取服务器端的响应时，onload 事件不需要对 Ajax 状态码进行判断，它只会被调用一次，并且不兼容低版本 IE 浏览器。

2. onreadystatechange 事件

通过 onreadystatechange 事件获取服务器端响应到客户端的数据，示例代码如下。

```
xhr.onreadystatechange = function () {};
```

上述代码中，xhr 表示 Ajax 对象；onreadystatechange 属性的值是事件处理函数。

需要注意的是，在获取服务器端的响应时，onreadystatechange 事件需要对 Ajax 状态码进行判断，它会被调用多次，并且兼容低版本 IE 浏览器。

3. Ajax 状态码

从发送请求到接收完服务器端响应的数据，这个过程中的每一个步骤都会对应一个数值，这个数值就是 Ajax 状态码。Ajax 状态码的说明如表 5-1 所示。

表 5-1　Ajax 状态码的说明

Ajax 状态码	说明
0	请求未初始化（还没有调用 open()方法）
1	请求已经建立，但是还没有发送（还没有调用 send()方法）
2	请求已经发送
3	请求正在处理中，通常响应中已经有部分数据可以用了
4	响应已经完成，可以获取并使用服务器的响应了

为了让读者更好地理解 Ajax 请求的使用，下面通过例 5-1 进行讲解。

【例 5-1】

（1）在 C:\code\chapter05\server 目录中，新建 public 文件夹，在该文件夹下创建 demo01.html，编写如下代码。

```
1  <!DOCTYPE html>
2  <html>
```

```
3  <head>
4    <meta charset="UTF-8">
5    <title>Document</title>
6  </head>
7  <body>
8    <script>
9      var xhr = new XMLHttpRequest();
10     console.log(xhr.readyState);      // 获取 Ajax 状态码 0
11     xhr.open('get', 'http://localhost:3000/first');
12     console.log(xhr.readyState);      // 获取 Ajax 状态码 1
13     xhr.onload = function () {
14       console.log(xhr.readyState);    // 获取 Ajax 状态码 4
15       console.log(xhr.responseText);  // 输出 "Hello, Ajax"
16     };
17     xhr.send();
18   </script>
19 </body>
20 </html>
```

上述代码中，第 11 行代码设置请求方式为 GET，请求地址为 "http://localhost:3000/first"；第 10、12、14 行代码用于在不同位置打印 Ajax 状态码；第 15 行代码用于打印服务器端响应的数据 xhr.responseText。

（2）使用 node app.js 命令启动服务器，然后在浏览器中访问 "http://localhost:3000/demo01.html"，控制台中的输出结果如图 5-4 所示。

在图 5-4 中，第 1 行输出结果为 "0"，这是因为虽然已经创建了 Ajax 对象，但是还没有配置 Ajax 对象；第 2 行输出结果为 "1"，这是因为虽然调用 open() 方法时已经对 Ajax 对象进行了配置，但是还没有发送请求；第 3 行输出结果为 "4"，这是因为服务器端的响应数据已经接收完成，触发了事件处理函数。

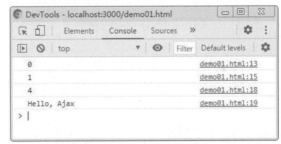

图 5-4　控制台中的输出结果（1）

▌▌▌ **小提示：**

不能通过直接双击 demo01.html 文件打开它，而是需要通过访问 Node.js 服务器中的地址 "http://localhost:3000/demo01.html" 打开页面，否则 Ajax 代码将不会生效。

（3）修改上述步骤（1）中的第 13~16 行代码，将 onload 事件修改为 onreadystatechange 事件，具体代码如下。

```
1  xhr.onreadystatechange = function () {
2    console.log(xhr.readyState);                  // 获取 Ajax 状态码 2、3 或 4
3    // 对 Ajax 状态码进行判断，如果状态码的值为 4 就代表数据已经接收完成了
4    if (xhr.readyState === 4) {
```

```
5      console.log(xhr.responseText);          // 输出 Hello, Ajax
6    };
7  };
```

上述代码中，第 2 行代码用于打印 Ajax 状态码，输出结果为"2"，表示请求已经发送了，但是还没有接收到服务器端响应的数据；输出结果为"3"，表示已经接收到服务器端的部分数据了；输出结果为"4"，表示服务器端的响应数据接收完成了。在第 4~6 行代码中，如果 Ajax 状态码的值为 4，就在控制台打印 xhr.responseText。

需要注意的是，在使用 onreadystatechange 事件时，需要对 Ajax 状态码进行判断，只有当 Ajax 状态码为 4 时，才会获取"4"状态码，并且打印 xhr.responseText。

（4）刷新浏览器页面，控制台中的输出结果如图 5-5 所示。

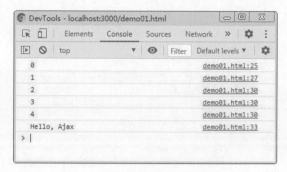

图 5-5　控制台中的输出结果（2）

5.3　请求参数

请求参数包括 GET 请求参数和 POST 请求参数，系统会根据请求方式的不同，来实现不同请求参数的传递，请求参数需要手动拼接。下面分别讲解 GET 请求参数和 POST 请求参数的传递。

5.3.1　GET 请求参数的传递

在使用 GET 请求方式传递参数时，需要将 open()方法的第 1 个参数设置为"get"，并在第 2 个参数的请求地址中添加 GET 请求参数。在请求地址中，"?"符号后面的部分表示请求参数，如果有多个参数则需要使用"&"符号连接，示例代码如下。

```
xhr.open('get', 'http://localhost:3000/demo.html?username=zhangsan&age=20');
xhr.send();
```

上述代码中，open()方法的第 2 个参数表示完整的请求地址。其中，"?"后面的"username=zhangsan&age=20"表示 GET 请求参数。

为了让读者更好地理解如何使用 Ajax 实现 GET 请求参数的传递，下面通过例 5-2 进行讲解。

【例 5-2】

（1）在 C:\code\chapter05\server\public 目录中，新建 demo02.html 文件，编写如下代码。

```
1  <!DOCTYPE html>
2  <html>
3  <head>
4    <meta charset="UTF-8">
5    <title>Document</title>
6  </head>
7  <body>
8    <form action="#" method="" style="width: 245px;">
```

```
9      用户名：<input type="text" id="username" style="float: right;" /><br><br>
10     年龄：<input type="text" id="age" style="float: right;" /><br><br>
11     <input type="button" value="提交" id="btn" /><br><br>
12   </form>
13 </body>
14 </html>
```

上述代码中，第 9 行、第 10 行代码分别定义 id 为 username 的用户名输入框和 id 为 age 的年龄输入框；第 11 行代码定义普通"提交"按钮。

（2）在上述步骤（1）中第 12 行代码后，编写 JavaScript 代码实现 GET 请求参数的传递，具体代码如下。

```
1 <script>
2    // 获取姓名文本框
3    var username = document.getElementById('username');
4    // 获取年龄文本框
5    var age = document.getElementById('age');
6    // 获取按钮元素
7    var btn = document.getElementById('btn');
8    // 为按钮添加单击事件
9    btn.onclick = function () {
10     var xhr = new XMLHttpRequest();
11     // 获取用户在文本框中输入的值
12     var nameValue = username.value;
13     var ageValue = age.value;
14     // 拼接请求参数
15     var params = 'username=' + nameValue + '&age=' + ageValue;
16     xhr.open('get', 'http://localhost:3000/get?' + params);
17     xhr.onload = function () {
18       console.log(JSON.parse(xhr.responseText));
19     };
20     xhr.send();
21   };
22 </script>
```

上述代码中，第 2～7 行代码使用 getElementById() 方法分别获取元素对象 btn、username 和 age。第 15 行代码中将通过"&"符号连接的 username 和 age 作为请求参数；第 16 行代码中的请求地址后面通过"?"符号与 params 参数连接；第 18 行代码使用 JSON.parse() 方法将服务器返回的 JSON 字符串转换为对象。

（3）在 server 目录中，新建 get.js 文件，编写如下代码。

```
1 const express = require('express');
2 const path = require('path');
3 const app = express();
4 app.use(express.static(path.join(__dirname, 'public')));
5 // 定义 GET 路由
6 app.get('/get', (req, res) => {
7   res.send(req.query);
8 });
```

```
 9  app.listen(3000);
10  console.log('服务器启动成功');
```

上述代码定义路由地址为"/get"，当请求成功时，触发请求处理函数，通过 req.query 可以获取到响应的请求参数。

（4）使用 node get.js 命令启动服务器，在浏览器中打开"http://localhost:3000/demo02.html"，运行结果如图 5-6 所示。

（5）输入用户名"张三"和年龄"30"，然后单击图 5-6 中的"提交"按钮，运行结果如图 5-7 所示。

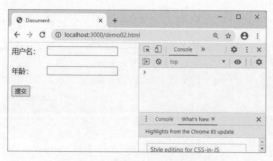

图 5-6　例 5-2 运行结果（1）

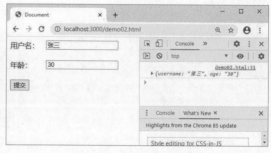

图 5-7　例 5-2 运行结果（2）

在图 5-7 中，浏览器控制台成功打印了请求参数内容。

5.3.2　POST 请求参数的传递

POST 请求参数与 GET 请求参数传递方式不同之处在于，open()方法中的第 1 个参数为"post"，示例代码如下。

```
xhr.open('post', 'http://localhost:3000/demo.html');
xhr.setRequestHeader(属性名, 属性值);
xhr.send(请求参数);
```

上述代码中，POST 请求参数的传递会将请求参数放在 send()方法中，POST 请求参数传递时需要使用 xhr.setRequestHeader()方法在请求消息中明确设置请求参数的格式类型。

当浏览器端向服务器端发送请求时，请求消息整体将被发送到服务器端。请求消息如图 5-8 所示。

图 5-8　请求消息

在图 5-8 中，请求行包含请求方式（GET、POST）、请求 URI（如/demo.html）和协议版本；请求头包含键值对形式的信息；请求体在 GET 方式下为空，在 POST 方式下为 xhr.send()发送的内容。需要注意的是，GET 请求参数通过请求 URI 传递，而不是通过请求体传递。

使用 setRequestHeader()方法设置请求参数的格式，示例代码如下。

```
xhr.setRequestHeader('Content-Type', '请求参数格式');
xhr.send(请求参数);
```

请求参数的格式主要包括"application/x-www-form-urlencoded"和"application/json"，下面分别进行讲解。

1. application/x-www-form-urlencoded

如果在请求头中指定 Content-Type 属性的值是"application/x-www-form-urlencoded"，表示服务器端当前请求参数的格式是用"&"符号连接多个"参数名称=参数值"形式的数据，例如"name=zhangsan&age=20&sex=nan"，示例代码如下。

```
xhr.setRequestHeader('Content-Type', 'application/x-www-form-urlencoded');
```

2. application/json

如果在请求头中指定 Content-Type 属性的值是"application/json"，表示服务器端当前请求参数的格式是 JSON，例如"{name: '张三', age: '20', sex: '男'}"，如果有多个参数则需要使用","符号连接，示例代码如下。

```
xhr.setRequestHeader('Content-Type', 'application/json');
```

为了让读者更好地理解如何使用 Ajax 实现 POST 请求参数的传递，下面通过例 5-3 进行讲解。

【例 5-3】

（1）例 5-3 与例 5-2 的表单结构代码相同，将 demo02.html 复制到 demo03.html，实现"application/x-www-form-urlencoded"类型参数的传递，具体代码如下。

```
1    // 省略前面的代码……
2    // 为按钮添加单击事件
3    btn.onclick = function () {
4      var xhr = new XMLHttpRequest();
5      // 获取用户在文本框中输入的值
6      var nameValue = username.value;
7      var ageValue = age.value;
8      // 拼接请求参数
9      var params = 'username=' + nameValue + '&age=' + ageValue;
10     xhr.open('post', 'http://localhost:3000/post');
11     // 设置请求参数格式的类型
12     xhr.setRequestHeader('Content-Type', 'application/x-www-form-urlencoded');
13     // 获取服务器端响应的数据
14     xhr.onload = function () {
15       console.log(JSON.parse(xhr.responseText));
16     };
17     // 发送请求时，传入请求参数
18     xhr.send(params);
19   };
20 </script>
```

上述代码中，第 10 行代码设置 open()方法的第 1 个参数为"post"，设置第 2 个参数为"http://localhost:3000/post"；第 12 行代码设置请求头信息中 Content-Type 值为"application/x-www-form-urlencoded"；第 14 行代码监听 onload 事件处理函数；第 18 行代码的 send() 方法接收 params 作为请求参数。

（2）在 Node.js 中，需要使用第三方模块 body-parser 来处理 POST 请求参数。在 server 目录中，下载 body-parser 模块，执行命令如下。

```
npm install body-parser@1.18.3 --save
```

上述命令中的 body-parser 模块可以用于解析 JSON 格式、URL-encoded 格式的请求体，例如 JSON 数据和表单数据。

（3）在 server 目录中，新建 post.js 文件，编写如下代码。

```
1  const express = require('express');
2  const path = require('path');
3  const bodyParser = require('body-parser');
4  const app = express();
5  app.use(express.static(path.join(__dirname, 'public')));
6  app.use(bodyParser.urlencoded({ extended: false }));
7  // 定义 POST 路由
8  app.post('/post', (req, res) => {
9    res.send(req.body);
10 });
11 app.listen(3000);
12 console.log('服务器启动成功');
```

上述代码中，第 8～10 行代码定义路由地址为 "/post"，当请求成功时，触发请求处理函数，通过 req.body 可以获取到响应的请求参数。

第 3 行代码引入的 body-parser，用于在第 6 行代码中使用 bodyParser.urlencoded() 方法解析 application/x-www-form-urlencoded 格式的请求参数。

第 6 行代码调用 app.use() 方法，并接收 bodyParser.urlencoded({ extended: false })，其中，{ extended: false } 表示使用系统模块 querystring 来处理。

（4）使用 nodemon post.js 命令启动服务器，刷新浏览器页面，输入用户名 "张三" 和年龄 "20"，然后单击 "提交" 按钮，运行结果如图 5-9 所示。

在图 5-9 中，浏览器控制台成功打印了请求参数内容。

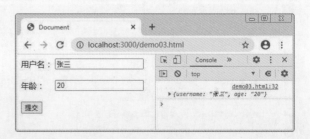

图 5-9　例 5-3 运行结果（1）

（5）修改上述步骤（1）中的 JavaScript 代码，实现 "application/json" 类型参数的传递，具体代码如下。

```
1  <script>
2    // 为按钮添加单击事件
3    btn.onclick = function () {
4      var xhr = new XMLHttpRequest();
```

```
5      // 获取用户在文本框中输入的值
6      var nameValue = username.value;
7      var ageValue = age.value;
8      // 定义 params 对象
9      var params = {};
10     params['username'] = nameValue;
11     params['age'] = ageValue;
12     xhr.open('post', 'http://localhost:3000/post');
13     // 设置请求参数格式的类型
14     xhr.setRequestHeader('Content-Type', 'application/json');
15     // 获取服务器端响应的数据
16     xhr.onload = function () {
17       console.log(JSON.parse(xhr.responseText));
18     };
19     // 发送请求时，传入请求参数
20     xhr.send(JSON.stringify(params));
21   };
22 </script>
```

上述代码中，第 9~11 行代码定义 params 对象，并将输入框中的值赋给 params；第 20 行代码使用 JSON.stringify 将 params 对象转换为 JSON 字符串再发送到服务器端。

（6）修改步骤（3）中第 6 行代码，使用 bodyParser.json()解析"application/json"格式的请求参数，具体代码如下。

```
app.use(bodyParser.json());
```

（7）保存文件，刷新浏览器页面，输入用户名"张三"和年龄"30"，然后单击"提交"按钮，运行结果如图 5-10 所示。

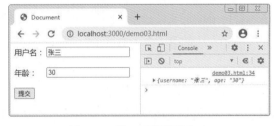

图 5-10　例 5-3 运行结果（2）

5.4　Ajax 异步编程

在前面内容中已学习了 Ajax 对象的 open()方法，该方法除了接收请求方式和请求地址外，还可以接收第 3 个参数 async。async 的取值为 true 或者为 false，默认为 true，表示启用 Ajax 异步编程，如果取值为 false，表示关闭 Ajax 异步编程。

使用 Ajax 异步编程有什么优势呢？它可以让 JavaScript 无须等待服务器的响应，继续执行其他脚本，当响应就绪后对响应进行处理。异步编程解决了服务器繁忙或缓慢导致的应用程序挂起或停止问题。

为了让读者更好地理解 Ajax 异步编程，下面通过页面局部刷新的案例来进行演示，具体如例 5-4 所示。

【例 5-4】

（1）在 C:\code\chapter05\server\public 目录中，新建 demo04.html 文件，编写如下代码。

```
1  <!DOCTYPE html>
2  <html>
3  <head>
4    <meta charset="UTF-8">
5    <title>Ajax 异步编程</title>
6    <script>
7      function loadDoc() {
8        var xhr = new XMLHttpRequest();
9        xhr.open('get', 'index.html', true);
10       xhr.onreadystatechange = function () {
11         if (xhr.readyState === 4) {
12           document.getElementById('myDiv').innerHTML = xhr.responseText;
13            console.log(2);
14         };
15       };
16       xhr.send();
17       console.log(1);
18     }
19   </script>
20 </head>
21 <body>
22   <div id="myDiv">
23     <h2>使用 Ajax 修改该文本内容</h2>
24   </div>
25   <button type="button" onclick="loadDoc()">修改内容</button>
26 </body>
27 </html>
```

　　上述代码中，第7行代码定义 loadDoc()事件处理函数；第9行代码中请求地址为"index.html"，表示访问 public 文件目录下的 index.html；第 13 行和第 17 行代码用于测试代码的执行顺序，当 xhr.open()方法的第 3 个参数为 true 时，打印顺序为 1、2，当第 3 个参数为 false 时，打印顺序为 2、1。

　　（2）在 public 目录下新建 index.html，编写如下代码。

```
<h2>欢迎，这是 public 文件夹中的 index.html 文件</h2>
```

　　（3）在浏览器中打开 "http://localhost:3000/demo04.html"，运行结果如图 5-11 所示。

　　（4）单击图 5-11 中的"修改内容"按钮，并打开控制台查看打印的信息，运行结果如图 5-12 所示。

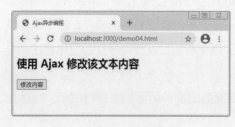

图 5-11　例 5-4 运行结果（1）

图 5-12　例 5-4 运行结果（2）

　　图 5-12 中的页面展示了 index.html 文件中的内容，从而实现了在不重新加载整个页面的情况下，可以与服务器交换数据并更新部分网页内容。在控制台的打印结果中，打印顺序为 1、2，说

明当前的 Ajax 请求是异步的。

5.5　Ajax 错误处理

Ajax 错误处理就是对 Ajax 请求中的错误进行处理。Ajax 错误处理是通过 HTTP 状态码的检测和 onerror 事件来实现的。本节将带大家学习 Ajax 错误处理的知识。

5.5.1　HTTP 状态码

当浏览器向服务器发出请求时，在浏览器接收并显示网页前，此网页所在的服务器会返回一个 HTTP 状态码（HTTP Status Code）。HTTP 状态码由三个十进制数字组成，第一个十进制数字定义了状态码的类型，后两个数字没有分类的作用。

使用 Ajax 对象的 status 属性能够获取 HTTP 状态码，示例代码如下。

```
xhr.status; // 获取 HTTP 状态码
```

为了让读者更好地理解如何通过 HTTP 状态码判断请求结果是否成功，下面通过例 5-5 进行讲解。

【例 5-5】

（1）在 C:\code\chapter05\server\public 目录中，新建 demo05.html 文件，编写如下代码。

```
1  <!DOCTYPE html>
2  <html>
3  <head>
4    <meta charset="UTF-8">
5    <title>Document</title>
6  </head>
7  <body>
8    <button id="btn">发送 Ajax 请求</button>
9    <script type="text/javascript">
10     var btn = document.getElementById('btn');
11     var xhr = new XMLHttpRequest();
12     btn.onclick = function () {
13       xhr.open('get', 'http://localhost:3000/status');
14       xhr.onload = function () {
15         // xhr.status 获取 HTTP 状态码
16         console.log(xhr.responseText);
17         if (xhr.readyState == 4 && xhr.status == 200) {
18           alert('请求成功')
19         }
20       };
21       xhr.send();
22     };
23   </script>
24 </body>
25 </html>
```

上述代码中，第 8 行代码用于定义按钮，当单击"发送 Ajax 请求"按钮时，触发单击事件处理函数；第 12 行代码用于定义单击事件处理函数；第 17～19 行代码用于获取 HTTP 状态码，如果 HTTP 状态码为 200，使用 alert() 方法弹出"请求成功"信息。

需要注意的是，Ajax 状态码表示 Ajax 请求的进程状态，它是由 Ajax 对象返回的；HTTP 状态码表示请求的处理结果，它是由服务器端返回的。

（2）在 server 目录，新建 status.js 文件，编写如下代码。

```
1  const express = require('express');
2  const path = require('path');
3  const app = express();
4  app.use(express.static(path.join(__dirname, 'public')));
5  app.get('/status', (req, res) => {
6    res.send('ok');
7  });
8  app.listen(3000);
9  console.log('服务器启动成功');
```

上述代码中，第 6 行代码使用 res.send() 方法返回"ok"。

（3）使用 nodemon status.js 命令启动服务器，在浏览器中打开"http://localhost:3000/demo05.html"，运行结果如图 5-13 所示。

（4）单击图 5-13 中的"发送 Ajax 请求"按钮，运行结果如图 5-14 所示。

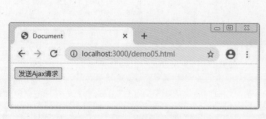

图 5-13　例 5-5 运行结果（1）

图 5-14　例 5-5 运行结果（2）

从图 5-14 中可以看到，已经成功弹出了"请求成功"警告框，说明服务器端返回的 HTTP 状态码为 200，这是请求成功的情况。下面将修改服务器端代码来测试当请求失败时 HTTP 状态码的返回结果。

（5）修改上述步骤（2）中代码，测试 HTTP 状态码的返回结果，具体代码如下。

```
1  const express = require('express');
2  const path = require('path');
3  const app = express();
4  app.use(express.static(path.join(__dirname, 'public')));
5  app.get('/status', (req, res) => {
6    res.send(a);
7  });
8  app.listen(3000);
9  console.log('服务器启动成功');
```

上述代码中，第 6 行代码表示服务器响应了一个没有定义的变量 a。

（6）保存文件，刷新浏览器页面，单击"发送 Ajax 请求"按钮，运行结果如图 5–15 所示。

5.5.2　onerror 事件

当网络中断时，请求无法发送到服务器端，会触发 Ajax 对象的 onerror 事件，在 onerror 事件处理函数中对错误进行处理。

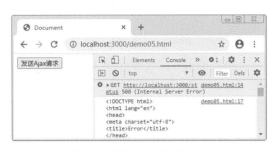

图 5–15　例 5-5 运行结果（3）

为了让读者更好地理解 onerror 事件的使用，下面通过例 5–6 进行讲解。

【例 5–6】

（1）在 C:\code\chapter05\server\public 目录中，新建 demo06.html 文件。将 demo05.html 中的代码复制到 demo06.html 中去，然后修改 JavaScript 部分代码，具体如下。

```
1  <script>
2    var btn = document.getElementById('btn');
3    btn.onclick = function () {
4      var xhr = new XMLHttpRequest();
5      xhr.open('get', 'http://localhost:3000/onerror');
6      xhr.onload = function () {
7        if (xhr.readyState == 4 && xhr.status == 200) {
8          alert('请求成功');
9        };
10      };
11      // 当网络中断时会触发 onerrr 事件
12      xhr.onerror = function () {
13        alert('网络中断，无法发送 Ajax 请求');
14      };
15      xhr.send();
16    };
17  </script>
```

上述代码中，第 12 行代码监听 onerror 事件；第 13 行代码弹出"网络中断，无法发送 Ajax 请求"。

（2）在 server 目录中，新建 onerror.js 文件，编写如下代码。

```
1  const express = require('express');
2  const path = require('path');
3  const app = express();
4  app.use(express.static(path.join(__dirname, 'public')));
5  app.get('/onerror', (req, res) => {
6    res.send('ok');
7  });
8  app.listen(3000);
9  console.log('服务器启动成功');
```

（3）使用 node onerror.js 命令启动服务器，在浏览器中打开 "http://localhost:3000/demo06.html"，单击 "发送 Ajax 请求" 按钮，运行结果如图 5-16 所示。

（4）单击 "确定" 按钮，打开浏览器中的 "Network" 面板，选择 "Online" 下拉菜单中的 "Offline" 选项。再次单击 "发送 Ajax 请求" 按钮，运行结果如图 5-17 所示。

图 5-16　例 5-6 运行结果（1）

图 5-17　例 5-6 运行结果（2）

图 5-17 中，弹出 "网络中断，无法发送 Ajax 请求" 提示信息。

5.6　Ajax 封装

在前面的开发中，完成一个 Ajax 请求所要编写的代码量是比较大的，当项目中需要发送多个 Ajax 请求时，会出现大量冗余且重复的代码。为此，可以对 Ajax 代码进行封装，从而简化项目中的 Ajax 代码。本节将会带大家封装一个 ajax() 函数，当需要发送 Ajax 请求的时候，只需调用 ajax() 函数即可完成。

5.6.1　初步封装 ajax() 函数

在封装 ajax() 函数前，先明确 ajax() 函数是如何使用的。在发送一个 Ajax 请求时，应当考虑 Ajax 的请求方式是什么、请求地址是什么，以及如何对请求结果进行处理。可以将这些信息以参数的方式传给 ajax() 函数，示例代码如下。

```
1  ajax({
2    type: 'get',
3    url: 'http://localhost:3000/ajax',
4    success: function (data) {
5      console.log(data);
6    }
7  })
```

上述代码中，type 表示请求方式；url 表示请求地址；success 表示请求成功后处理请求结果的函数，这个函数的参数 data 表示服务器返回的数据。

此处采用对象的方式给 ajax() 函数传递参数，是为了在查看代码时能够很清晰地看到每个参数的含义。

在明确了 ajax()函数的参数以后，下面开始编写代码，完成 ajax()函数的初步封装。

（1）在 C:\code\chapter05\server\public 目录下创建 demo07.html 文件，在页面中定义一个 ajax() 函数，并调用它来发送 Ajax 请求，具体代码如下。

```html
1  <!DOCTYPE html>
2  <html>
3  <head>
4    <meta charset="UTF-8">
5    <title>Document</title>
6  </head>
7  <body>
8    <script>
9      function ajax(options) {
10       var xhr = new XMLHttpRequest();
11       xhr.open(options.type, options.url);
12       xhr.onload = function () {
13         options.success(xhr.responseText); // 调用参数传入的success()方法
14       };
15       xhr.send();
16     }
17     ajax({
18       type: 'get',
19       url: 'http://localhost:3000/ajax',
20       success: function (data) {
21         console.log(data);
22       }
23     })
24   </script>
25 </body>
26 </html>
```

上述代码中，第 9 行代码使用 function 关键字定义 ajax()函数，该函数接收 options 对象，它可以实现请求的自定义配置；第 10 行代码使用 new XMLHttpRequest()创建 Ajax 对象；第 11 行代码配置 Ajax 对象，其中，options.type 表示用户自定义请求方式，options.url 表示用户自定义请求地址；第 12～14 行代码监听 onload 事件，其中，第 13 行代码通过 options 对象调用 success()函数，并传入 xhr.responseText 数据；第 15 行代码实现发送请求。

（2）在 server 目录中，新建 ajax.js 文件，编写如下代码。

```js
1  const express = require('express');
2  const path = require('path');
3  const app = express();
4  app.use(express.static(path.join(__dirname, 'public')));
5  app.get('/ajax', (req, res) => {
6    res.send('ok');
7  });
8  app.listen(3000);
9  console.log('服务器启动成功');
```

（3）使用 nodemon ajax.js 命令启动服务器，
在浏览器中打开 "http://localhost:3000/demo07.
html"，运行结果如图 5-18 所示。

从图 5-18 可以看出，ajax()函数已经成功
发送了 Ajax 请求，并在控制台输出了服务器返
回的结果 "ok"。

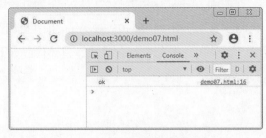

图 5-18　　demo07.html 运行结果（1）

5.6.2　传递 Ajax 请求参数

在 Ajax 开发中，有时需要向服务器发送一些请求参数。以 GET 方式发送的请求参数可以直
接拼接到请求地址的后面，而以 POST 方式发送的请求参数则需要将请求参数放在请求体中，通
过 xhr.send()方法发送。可以使用 ajax()函数参数中的 data 选项传入请求参数，在 ajax()函数内部自
动根据请求方式来对请求参数进行处理。

Ajax 请求参数有两种格式，一种是 application/x-www-form-urlencoded，其写法为 "参数名称=
参数值&参数名称=参数值"，例如 name=zhangsan&age=20；另一种是 application/json，其写法为对
象形式，例如{name: 'zhangsan', age: 20}。站在 ajax()函数使用者的角度来说，第二种方式写起来更
方便，因此规定 data 选项的写法采用第二种格式。下面通过编写代码来完成 Ajax 请求参数的传递。

（1）修改 demo07.html 中的 ajax()函数的调用代码，添加一个 data 选项，传入请求参数，具体
代码如下。

```
1  ajax({
2    type: 'get',
3    url: 'http://localhost:3000/ajax',
4    data: {
5      name: 'zhangsan',
6      age: 20
7    },
8    success: function (data) {
9      console.log(data);
10   }
11 })
```

（2）修改 ajax()函数的定义代码，在调用 xhr.open()方法前，对参数进行处理，判断当前请求方
式。如果请求方式为 GET，则将请求参数转换为字符串，并将其拼接到请求地址的后面。如果请
求方式为 POST，则在调用 xhr.send()前，先调用 xhr.setRequestHeader()方法将 Content-Type 内容类
型设为 application/x-www-form-urlencoded，具体代码如下。

```
1  function ajax(options) {
2    var xhr = new XMLHttpRequest();
3    // 定义拼接请求参数的变量
4    var params = '';
5    // 遍历用户传递进来的对象格式参数
6    for (var attr in options.data) {
```

```
7      // 将参数转换为字符串格式
8      params += attr + '=' + options.data[attr] + '&';
9    };
10   // 将参数最后面的&截取掉，重新赋值给 params 变量
11   params = params.substr(0, params.length - 1);
12   if (options.type == 'get') {
13     options.url = options.url + '?' + params;
14   };
15   xhr.open(options.type, options.url);
16   xhr.onload = function () {
17     options.success(xhr.responseText);
18   };
19   if (options.type == 'post') {
20     // 设置请求参数格式的类型
21     xhr.setRequestHeader('Content-Type',
22      'application/x-www-form-urlencoded');
23      xhr.send(params);
24   } else {
25     xhr.send();
26   };
27 };
```

上述代码中，第 21、22 行代码设置 POST 请求参数格式的类型，此处设置的是一个固定的值 application/x-www-form-urlencoded，无法用于发送 JSON 格式的请求参数，因此，还需要对代码进行改进，将具体格式通过 ajax()函数的参数来传入。

（3）修改调用 ajax()函数时传入的参数，在 data 选项下方新增 header 选项，用于传入要发送的请求头，利用 Content-Type 请求头来设置格式类型，具体代码如下。

```
1 ajax({
2   // ……（原有代码）
3   data: {
4     name: 'zhangsan',
5     age: 20
6   },
7   header: {
8     'Content-Type': 'application/x-www-form-urlencoded'
9   },
10  // ……（原有代码）
11 });
```

（4）修改 ajax()函数的定义代码，在判断请求方式为 POST 的位置将 xhr.setRequestHeader()方法设置的 Content-Type 改成 options.header 选项存入的值，并在发送数据前判断 Content-Type 是否为 application/json，如果是，则通过 JSON.stringify()方法将 options.data 对象转换为 JSON 数据格式，具体代码如下。

```
1 // 如果请求方式为 POST
2 if (options.type == 'post') {
3   // 用户希望的向服务器端传递的请求参数的类型
4   var contentType = options.header['Content-Type'];
```

```
 5    // 设置请求参数格式的类型
 6    xhr.setRequestHeader('Content-Type', contentType);
 7    if (contentType == 'application/json') {
 8     // 向服务器端传递 JSON 数据格式的参数
 9     xhr.send(JSON.stringify(options.data));
10    } else {
11     // 向服务器端传递普通类型的请求参数
12     xhr.send(params);
13    };
14  } else {
15   // 发送请求
16   xhr.send();
17  };
```

5.6.3　判断请求成功或失败

在前面编写的 ajax() 函数中，在 xhr.onload 事件中直接调用了 options.success() 函数，而没有在调用前判断 Ajax 请求是否发送成功，具体代码如下。

```
1  xhr.onload = function () {
2   options.success(xhr.responseText);
3  };
```

上述代码并不严谨，因为 options.success() 方法用于在 Ajax 请求成功时执行，但此处并没有判断 Ajax 是否请求成功了。因此，需要在代码中增加一个判断，把结果分为成功和失败两种情况，分别调用 options.success() 成功回调函数和 options.error() 失败回调函数，具体代码如下。

```
1  xhr.onload = function () {
2   // 如果 xhr.status 的值为 200 表示请求成功，否则请求失败
3   if (xhr.status == 200) {
4    options.success(xhr.responseText, xhr);  // 请求成功
5   } else {
6    options.error(xhr.responseText, xhr);    // 请求失败
7   }
8  };
```

下面在 ajax() 函数的参数对象中，传入 error 选项，具体代码如下。

```
1  ajax({
2   // ……（原有代码）
3   success: function (data) {
4    console.log(data);
5   },
6   error: function (data, xhr) {
7    console.log('Ajax 请求失败：' + data);
8    console.log(xhr);
9   }
10 });
```

为了测试在 Ajax 请求失败的情况下，error 选项传入的函数是否会被执行，修改一下服务器端 server\ajax.js 文件，返回 400 状态码表示请求失败，具体代码如下。

```
1  const express = require('express');
2  const path = require('path');
3  const app = express();
4  app.use(express.static(path.join(__dirname, 'public')));
5  app.get('/ajax', (req, res) => {
6    res.status(400).send('error');
7  });
8  app.listen(3000);
9  console.log('服务器启动成功');
```

保存上述代码，刷新浏览器页面，运行结果如图 5-19 所示。

图 5-19　demo07.html 运行结果（2）

从图 5-19 可以看出，ajax()函数没有成功地发送 Ajax 请求，并在控制台输出了服务器返回的结果"error"。

5.6.4　处理服务器返回的 JSON 数据

在 5.6.3 小节中，将服务器返回的结果 xhr.responseText 直接传给了 options.success()方法，并没有考虑服务器返回的数据类型是 JSON 的情况。因此，需要在代码中增加一个判断，如果服务器返回的是 JSON 类型的数据，则 ajax()函数的调用者还要手动把 JSON 数据转换成对象。为了让 ajax()函数的功能更强大，可以在 ajax()函数中直接完成对 JSON 数据的转换，以方便开发人员使用。

在 ajax()函数中，需要先判断服务器返回的数据类型是什么，如果返回的是普通的文本，则不用转换；只有返回的是 JSON 类型才需要转换。接下来，修改 xhr.onload 事件中的代码，完成 JSON 类型的判断与 JSON 数据的转换，具体代码如下。

```
1  xhr.onload = function () {
2    // 获取 Content-Type 响应头和数据, 分别保存为 contentType 和 responseText
3    var contentType = xhr.getResponseHeader('Content-Type');
4    var responseText = xhr.responseText;
5    // 如果类型为 application/json, 就将服务器返回结果转换成 JSON
6    if (contentType.include('application/json')) {
7      responseText = JSON.parse(responseText);
8    };
```

```
9    if (xhr.status == 200) {
10     options.success(responseText, xhr);
11    } else {
12     options.error(responseText, xhr);
13    };
14   };
```

5.6.5　实现可选参数

在前面的开发中为 ajax()函数增加了许多功能，在调用 ajax()函数时传入的选项也变得越来越多，ajax()函数用起来就不太方便了。通常，开发人员希望在调用 ajax()函数时，只传入必要的选项，其他选项自动使用默认值。下面就来实现这个效果。

修改 ajax()函数的定义代码，在函数中保存一个包含默认选项的 defaults 对象，然后把传入的options 对象和 defaults 对象合并，具体代码如下。

```
1    function ajax(options) {
2      // 存储默认值
3      var defaults = {
4        type: 'get',
5        url: '',
6        data: {},
7        header: {
8          'Content-Type': 'application/x-www-form-urlencoded'
9        },
10       success: function (data, xhr) {
11         console.log(data);
12       },
13       error: function (data, xhr) {
14         console.log(data);
15       }
16     };
17     // 使用 options 对象中的属性覆盖 defaults 中的属性
18     Object.assign(defaults, options);
```

经过上述代码合并之后，options 对象中的属性就覆盖到了 defaults 对象的属性中。在后面的代码中，需要把 options 都改成 defaults，具体代码如下。

```
1    // 在下面的代码中，将 options 都改为 defaults
2    var xhr = new XMLHttpRequest();
3    var params = '';
4    for (var attr in defaults.data) {
5      params += attr + '=' + defaults.data[attr] + '&';
6    };
7    params = params.substr(0, params.length - 1);
8    if (defaults.type == 'get') {
9      defaults.url = defaults.url + '?' + params;
10   };
11   xhr.open(defaults.type, defaults.url);
12   xhr.onload = function () {
```

```
13    var contentType = xhr.getResponseHeader('Content-Type');
14    var responseText = xhr.responseText;
15    if (contentType.includes('application/json')) {
16      responseText = JSON.parse(responseText);
17    };
18    if (xhr.status == 200) {
19      defaults.success(responseText, xhr);
20    } else {
21      defaults.error(responseText, xhr);
22    };
23   };
24   if (defaults.type == 'post') {
25    var contentType = defaults.header['Content-Type'];
26    xhr.setRequestHeader('Content-Type', contentType);
27    if (contentType == 'application/json') {
28      xhr.send(JSON.stringify(defaults.data));
29    } else {
30      xhr.send(params);
31    }
32   } else {
33    xhr.send();
34   };
35 };
```

修改 demo07.html 中调用 ajax() 函数的代码，此处只传入请求地址和请求成功回调函数，具体代码如下。

```
1 ajax({
2   url: 'http://localhost:3000/ajax',
3   success: function (data) {
4     console.log(data);
5   }
6 })
```

为了测试在 ajax() 函数中只传入请求地址和请求成功回调函数的情况下，实现可选参数的效果，修改服务器端 server\ajax.js 文件，具体代码如下。

```
1 const express = require('express');
2 const path = require('path');
3 const app = express();
4 app.use(express.static(path.join(__dirname, 'public')));
5 app.get('/ajax', (req, res) => {
6   res.send('ok');
7 });
8 app.listen(3000);
9 console.log('服务器启动成功');
```

保存上述代码，刷新浏览器页面，运行结果如图 5-20 所示。

图 5-20　demo07.html 运行结果（3）

从图 5-20 可以看出，ajax()函数成功地发送了 Ajax 请求，并在控制台输出了服务器返回的结果 "ok"，说明已经实现了可选参数的效果。

本章小结

本章主要讲解了什么是 Ajax、Ajax 的基本实现步骤、请求参数、Ajax 异步编程，以及 Ajax 错误处理。通过本章的学习，读者应对 Ajax 有一个整体的认识，能够封装一个简单的 ajax()函数。

课后练习

一、填空题

1. ＿＿＿＿＿（Asynchronous JavaScript and XML，异步 JavaScript 和 XML）是浏览器提供的一套方法，可以实现页面无刷新更新数据，提高用户浏览网页的体验。

2. 在请求头中指定 Content-Type 属性的值是＿＿＿＿＿，表示服务器端当前请求参数的格式是 JSON。

3. 在请求头中指定 Content-Type 属性的值是＿＿＿＿＿，表示服务器端当前请求参数的格式是用 "&" 符号连接多个 "参数名称等于参数值" 形式的数据。

4. 在请求地址中，"?" 符号后面的部分表示＿＿＿＿＿。

5. 通常使用＿＿＿＿＿方法将 JSON 对象转换为 JSON 字符串。

二、判断题

1. 在传统网站中，用户是通过页面长时间的加载来更新数据的。在网速慢的情况下，用户体验非常不好。（　　　）

2. 随着技术不断发展，为了提高用户的体验，Ajax 解决了传统网站中存在的问题。（　　　）

3. POST 请求参数的传递会将请求参数放在 send()方法中。（　　　）

4. 网络中断时，请求无法发送到服务器端，会触发 Ajax 对象的 onerror 事件。（　　　）

5. Ajax 技术需要运行在网站环境中才能生效。（　　　）

三、选择题

1. 下列选项中，设置 Ajax 对象请求方式和请求地址的方法是（　　　）。

A. open()方法　　　　B. send()方法　　　　　C. onload()方法　　　D. onreadystatechange()方法

2. 下列选项中，open()方法的第 1 个参数表示的是（　　　）。

A. 请求方式　　　　B. 请求地址　　　　　C. 请求参数　　　　D. 请求参数类型

3. 下列选项中，open()方法的第 2 个参数表示的是（　　　）。

A. 请求参数类型　B. 请求参数　　　　C. 请求方式　　　D. 请求地址

4. 下列选项中，实现向服务器端发送请求的方法是（　　　）。

A. open()方法　　　　B. onload()方法　　　　C. ajax()方法　　　D. send()方法

5. 下列选项中，实现监听服务器端响应数据的事件是（　　　）。

A. onload 事件　　　　　　　　　B. onreadystatechange 事件

C. click 事件　　　　　　　　　　D. onerror 事件

四、简答题

请简述 Ajax 状态码主要有哪些及含义是什么。

第 6 章

<h1 style="text-align:center">Ajax（下）</h1>

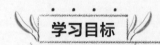
学习目标

★ 掌握 FormData 对象的使用，能够实现表单数据的处理

★ 掌握浏览器端 art-template 模板引擎的使用，能够使用模板引擎渲染 Ajax 加载的数据

★ 了解 Ajax 同源策略，能够实现跨域请求

★ 掌握 jQuery 中的 Ajax，能够使用 jQuery 发送 Ajax 请求

拓展阅读

在使用 Ajax 技术开发项目时，经常会使用 FormData 对象进行表单数据的处理，使用 art-template 模板引擎渲染页面结构，使用 JSONP 解决网站中的跨域问题，以及使用 jQuery 中的 Ajax 实现 Ajax 请求，进而提高开发效率。下面将带大家进一步学习 Ajax 的相关技术知识。

6.1 FormData 对象

FormData 对象能够处理页面中的表单数据。FormData 对象提供了处理表单数据的方法，无须完成拼接表单数据字符串的烦琐工作，使用起来非常方便。下面将讲解 FormData 对象的基础知识。

6.1.1 FormData 对象实例方法

在使用 FormData 对象之前，首先需要使用 new 关键字通过实例化 FormData() 构造函数来创建 FormData 对象，示例代码如下。

```
var formData = new FormData(form);
```

上述代码实例化 FormData 对象并赋值给 formData 变量。FormData() 构造函数接收 form 表单对象作为参数，表示将普通的 form 表单对象转换为 FormData 对象。

FormData 实例对象提供了 set()、get()、append() 和 delete() 等方法，具体讲解如下。

1. set()方法

set()方法用于设置 FormData 对象属性的值。如果设置的属性存在，将会覆盖原有属性的值；否则将会创建新的 FormData 对象属性，示例代码如下。

```
set('key', 'value');
```

上述代码中，set()方法接收的第 1 个参数表示 FormData 对象的属性名，第 2 个参数表示该属性名的属性值。

2. get()方法

get()方法用于获取 FormData 对象属性的值，示例代码如下。

```
get('key');
```

上述代码中，get()方法接收的 1 个参数表示 FormData 对象的属性名。

3. append()方法

append()方法用于添加 FormData 对象属性的值，示例代码如下。

```
append('key', 'value');
```

上述代码中，append()方法接收的第 1 个参数表示 FormData 对象的属性名，第 2 个参数表示该属性名的属性值。

需要注意的是，在 FormData 对象属性名已经存在的情况下，无论设置的 FormData 对象属性是否存在都将创建该表单属性。append()方法会保留两个值。当 append()方法多次添加相同属性名的不同值时，使用 get()方法只会获取到第一次设置的值。

4. delete()方法

delete()方法用于删除表单对象属性中的值，示例代码如下。

```
delete('key');
```

上述代码中，delete()方法接收的 1 个参数表示 FormData 对象的属性名。

6.1.2 FormData 对象实例方法的使用

在学习了 FormData 对象后，为了让读者更好地理解 FormData 对象方法的使用，下面通过例 6-1 讲解如何使用 FormData 对象方法来获取、删除和添加 FromData 对象中属性的值。

【例 6-1】

（1）在 C:\code\chapter06\server 目录下，新建 public 目录，在 public 目录下新建 demo01.html 文件，编写如下代码。

```
1  <!DOCTYPE html>
2  <html>
3  <head>
4    <meta charset="UTF-8">
5    <title>FormData 对象</title>
6  </head>
7  <body>
```

```
8    <!-- 创建普通的 form 表单 -->
9    <form id="form" style="width: 245px;">
10   用户名：<input type="text" name="username" style="float: right;" /><br><br>
11   密码：<input type="password" name="password" style="float: right;" /><br> <br>
12   <input type="button" id="btn" value="提交" />
13   </form>
14  </body>
15  </html>
```

上述代码中，第9～13行代码定义 id 值为 form 的表单结构。其中，分别定义 name 值为 username 的用户名输入框和 name 值为 password 的密码输入框，以及 id 值为 btn 的普通提交按钮。

需要注意的是，在表单控件中必须定义 name 属性，这样当用户在输入框中输入内容时，name 属性就会被 FormData 对象转换成属性名与属性值的格式。

（2）编写 JavaScript 代码，创建 FormData 对象，编写如下代码。

```
1   <script>
2     // 获取按钮
3     var btn = document.getElementById('btn');
4     // 获取表单
5     var form = document.getElementById('form');
6     // 为按钮添加单击事件
7     btn.onclick = function () {
8       // 将普通的 form 表单转换为 FormData 对象
9       var formData = new FormData(form);
10      console.log(formData.get('username'));
11      // 如果设置的表单属性存在 将会覆盖属性原有的值
12      formData.set('username', '李四');
13      console.log(formData.get('password'));
14      formData.append('username', '王五');
15      console.log(formData.get('username'));
16      // 如果设置的表单属性不存在 将会创建这个表单属性
17      formData.set('age', 100);
18      console.log(formData.get('age'));
19      // 删除用户输入的密码
20      formData.delete('password');
21      console.log(formData.get('password'));
22      // 创建空的表单对象
23      var f = new FormData();
24      f.append('sex', '男');
25      console.log(f.get('sex'));
26    };
27  </script>
```

上述代码中，第3行代码和第5行代码分别通过 id 值获取按钮和表单元素对象；第9行代码实例化 FormData 对象；第10行代码使用 get()方法获取到 username 属性的值，并在控制台中打印结果；第12行代码使用 set()方法将 username 属性的值设置为"李四"；第14行代码使用 append()方法添加 username 属性，并将其值设置为"王五"。

第17行代码使用 set()将 age 属性的值设置为100；第20行代码使用 delete()方法删除 password

属性的值；第 23 行代码创建空的 FormData 对象并赋值给 f 变量。

（3）在 server 目录中，下载 Express 框架，并新建 app.js 文件，编写服务器端代码，具体代码如下。

```
1  // 引入 Express 框架
2  const express = require('express');
3  // 路径处理模块
4  const path = require('path');
5  // （此处引入 formidable 模块，在后面的步骤中实现）
6  // 创建 Web 服务器
7  const app = express();
8  // 静态资源访问服务功能
9  app.use(express.static(path.join(__dirname, 'public')));
10 // （此处定义"/formData"和"/upload"路由，在后面的步骤中实现）
11 // 监听端口
12 app.listen(3000);
13 // 控制台提示输出
14 console.log('服务器启动成功');
```

上述代码中，第 4 行代码引入 path 模块；第 9 行代码使用内置的中间件 express.static 来设置静态文件。其中，使用 path.join() 方法拼接静态文件访问目录。然后使用 app.use() 方法使用该中间件。使用 formidable 模块解析表单对象将会在后面的内容中讲解。

（4）使用 nodemon app.js 命令启动服务器，在浏览器中打开"http://localhost:3000/demo01.html"，输入"张三""123456"，单击"提交"按钮，运行结果如图 6-1 所示。

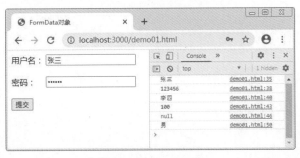

图 6-1　例 6-1 运行结果

6.1.3　formidable 表单解析对象的使用

在发起 Ajax 请求时，FormData 对象可以作为 POST 请求参数直接传递给服务器端。服务器端使用 formidable 表单解析对象的 parse() 方法处理 FormData 对象，并将 FormData 对象数据的处理结果返回给客户端。下面讲解 formidable 表单解析对象的知识。

formidable 是一个第三方模块，用于将 FormData 对象解析成表单数据，从而实现表单数据的处理和文件的上传。

需要注意的是，因为 FormData 对象需要被传递到 send() 方法中，而 GET 请求方式的请求参数只能放在请求地址中 "?" 连接符号的后面，所以 FormData 对象不能用于 GET 请求方式。

为了让读者更好地理解 formidable 表单解析对象的使用，下面通过例 6-2 进行讲解。

【例 6-2】

（1）在 C:\code\chapter06\server 目录中，首先下载和安装 formidable 模块，执行命令如下。

```
npm install formidable@1.2.1 --save
```

上述代码用于下载安装 formidable@1.2.1 版本模块，其中 --save 表示运行时依赖。

（2）打开 server 目录下的 app.js 文件，在文件头部引入 formidable 模块，编写如下代码。

```
// （此处引入 formidable 模块）;
const formidable = require('formidable');
const form = new formidable.IncomingForm();
```

上述代码使用 require 引入 formidable 模块，并将其赋值给 formidable 常量。使用 new 实例化 formidable.IncomingForm()构造函数，使用此函数创建 formidable 表单解析对象，并将其赋值给 form 常量。

（3）由于例 6-2 与例 6-1 的表单结构代码相同，将 demo01.html 复制到 demo02.html，然后只修改 JavaScript 部分代码，具体如下。

```
1  <script>
2    // 获取按钮
3    var btn = document.getElementById('btn');
4    // 获取表单
5    var form = document.getElementById('form');
6    // 为按钮添加单击事件
7    btn.onclick = function () {
8      // 将普通的 html 表单转换为表单对象
9      var formData = new FormData(form);
10     // 创建 xhr 对象
11     var xhr = new XMLHttpRequest();
12     // 对 xhr 对象进行配置
13     xhr.open('post', 'http://localhost:3000/formData');
14     // 发送 xhrAjax 请求
15     xhr.send(formData);
16     // 监听 xhr 对象下面的 onload 事件
17     xhr.onload = function () {
18       // 对 http 状态码进行判断
19       if (xhr.status === 200) {
20         console.log(xhr.responseText);
21       };
22     };
23   };
24 </script>
```

上述代码中，第 15 行代码使用 xhr.send()方法发送 FormData 对象，在这里 FormData 应该放在 send()方法中。在第 19～21 行代码中，如果 HTTP 状态码的值为 200，就在控制台打印服务器返回的数据。

（4）打开 app.js，定义 "/formData" 路由，编写如下代码。

```
1  // （此处定义 "/formData" 和 "/upload" 路由）
2  app.post('/formData', (req, res) => {
3    // 创建 formidable 表单解析对象
4    const form = new formidable.IncomingForm();
5    // 解析客户端传递过来的 FormData 对象
6    form.parse(req, (err, fields, files) => {
7      res.send(fields);
8    });
9  });
```

上述代码中，第 4 行代码使用 new 实例化 formidable.IncomingForm()构造函数，进而创建表单解析对象，并将其赋值给 form 常量；第 6～8 行代码中 parse()方法的第 1 个参数是 req 请求对象，第 2 个参数是回调函数，在回调函数中接收的形参分别是 err 错误信息、fields 字段域和 files 文件信息。

（5）保存文件并刷新浏览器页面，输入"张三"和"123456"，单击"提交"按钮。运行结果如图 6-2 所示。

图 6-2　例 6-2 运行结果

图 6-2 中，在浏览器控制台打印了 "{"username":"张三","password":"123456"}"。

6.1.4　上传二进制文件

二进制文件主要包括图片、视频和音频等文件。可使用 formidable 表单解析对象来实现二进制文件上传的功能。下面讲解 formidable 表单解析对象的上传二进制文件功能。

在进行文件上传前，需要在页面中定义一个<input>标签，设置 input 的 type 属性值为 file，表示文件域。文件域可以选择本地图片和视频等文件，示例代码如下。

```
<input type="file" />
```

在用户选择上传文件后，使用 Ajax 技术将文件上传到服务器端，服务器端保存上传的文件并将文件的保存地址返回给浏览器。

form 表单解析对象是通过 new 实例化 formidable.IncomingForm()构造函数创建的，该对象包含 keepExtensions 属性和 uploadDir 属性，下面分别进行讲解。

1. keepExtensions 属性

keepExtensions 属性用于设置上传的二进制文件是否保持原来文件的扩展名，默认值为 false，表示不保持。如果设置 keepExtensions 属性的值为 true，表示保持，示例代码如下。

```
form.keepExtensions = true;
```

2. uploadDir 属性

uploadDir 属性用于设置上传文件存放的文件目录，默认是系统的临时目录，示例代码如下。

```
form.uploadDir = '/my/dir';
```

为了让读者更好地理解上传二进制文件功能的使用，下面通过例 6-3 进行讲解。

【例 6-3】

（1）在 C:\code\chapter06\server\public 目录中，新建 demo03.html 文件，编写如下代码。

```
1  <!DOCTYPE html>
2  <html>
3  <head>
4    <meta charset="UTF-8">
5    <title>Document</title>
6  </head>
7  <body>
8    <label>请选择文件</label>
9    <input type="file" id="file" />
10   <div id="box"></div>
11 </body>
12 </html>
```

上述代码中，第 9 行代码定义 input 的 id 值为 file；第 10 行代码定义 div 的 id 值为 box。

（2）在 demo03.html 文件的<script>标签内，实现向服务器端发送图片的功能，编写如下代码。

```
1  <script>
2    // 获取文件选择控件
3    var file = document.getElementById('file');
4    // 获取图片容器
5    var box = document.getElementById('box');
6    // 为文件选择控件添加 onchange 事件，在用户选择文件时触发
7    file.onchange = function () {
8      // 创建空的 formData 表单对象
9      var formData = new FormData();
10     // 将用户选择的文件追加到 formData 表单对象中
11     formData.append('attrName', this.files[0]);
12     // 创建 xhr 对象
13     var xhr = new XMLHttpRequest();
14     // 对 xhr 对象进行配置
15     xhr.open('post', 'http://localhost:3000/upload');
16     // 发送 Ajax 请求
17     xhr.send(formData);
18     // 监听服务器端响应给客户端的数据
19     xhr.onload = function () {
20       // （此处展示图片，在后面的步骤中实现）
21     };
22   };
23 </script>
```

上述代码中，第 3 行代码和第 5 行代码分别获取 file 和 box 元素对象；第 11 行代码向 formData 对象追加 attrName 属性的值 this.files[0]，this.files[0]表示获取 file 对象下 files 集合中索引为 0 的文件；

第 12～17 行代码将追加了图片的 formData 对象发送到服务器端。

（3）在 server 目录中，新建 upload.js 文件，编写如下代码。

```
1  // 引入 Express 框架
2  const express = require('express');
3  const formidable = require('formidable');
4  const path = require('path')
5  // 使用框架创建 Web 服务器
6  const app = express();
7  // 静态资源访问服务功能
8  app.use(express.static(path.join(__dirname, 'public')));
9  app.post('/upload', (req, res) => {
10   const form = new formidable.IncomingForm();
11   // 设置客户端上传文件的存储路径
12   form.uploadDir = path.join(__dirname, 'public', 'uploads');
13   // 保留上传文件的扩展名
14   form.keepExtensions = true;
15   // 解析客户端传递过来的 FormData 对象
16   form.parse(req, (err, fields, files) => {
17     // 将客户端传递过来的文件地址响应到客户端
18     res.send({
19       path: files.attrName.path.split('public')[1]
20     });
21   });
22  });
23  // 程序监听 3000 端口
24  app.listen(3000);
25  console.log('服务器启动成功');
```

上述代码中，第 10 行代码通过 new 实例化 formidable.IncomingForm()构造函数，进而创建表单解析对象，并赋值给 form 常量；第 12 行代码使用 path.join()方法设置二进制文件存储路径"public/uploads"并将返回结果赋值给 form.uploadDir 属性，需要注意的是，在 public 目录下需要手动创建 uploads 目录，否则无法存储该图片；第 16 行代码使用 form.parse()方法处理 FormData 对象；第 19 行代码使用 files.attrName.path 获取到上传文件的路径，然后使用 split('public')方法将文件路径转换为数组，其中，public 表示分隔符。

（4）在上述步骤（2）中的第 20 行代码处，编写如下代码，实现上传图片的预览效果。

```
1  // 如果服务器端返回的 http 状态码为 200 说明请求成功
2  if (xhr.status === 200) {
3    // 将服务器端返回的数据转换为 JSON 对象
4    var result = JSON.parse(xhr.responseText);
5    // 动态创建 img 元素对象
6    var img = document.createElement('img');
7    // 为图片标签设置 src 属性
8    img.src = result.path;
9    // 当图片加载完成以后
10   img.onload = function () {
11     // 将图片显示在页面中
```

```
12    box.appendChild(img);
13  };
14 };
```

上述代码中，第 5~8 行代码用于获取服务器返回的图片地址路径，动态创建 img 元素对象，设置 img 的 src 属性的值为 result.path；第 10 行代码用于监听图片的 onload 事件；第 13 行代码中的 appendChild() 方法用于将动态生成的 img 图片显示在页面中。

（5）切换到 server 目录，执行如下命令。

```
node upload.js
```

（6）在浏览器中打开 "http://localhost:3000/demo03.html"，单击 "选择文件" 按钮，选择图片，上传成功后页面运行结果如图 6-3 所示。

（7）打开 server 目录，在 public 文件下生成了存放图片文件的目录，如图 6-4 所示。

图 6-3　上传成功后页面运行结果

图 6-4　存放图片文件的目录

图 6-4 中，在 uploads 文件目录下添加了图片文件。

6.2　浏览器端 art-template 模板引擎

在传统网站中，客户端向服务器端发送请求，服务器端会将数据和 HTML 拼接好，然后将拼接好的 HTML 字符串发送给客户端，而在客户端实现数据拼接同样需要用到模板引擎。在 3.7.3 小节已经讲过了 art-template 模板引擎在服务器端的使用，本节讲解 art-template 模板引擎在浏览器端的使用。

6.2.1　art-template 模板引擎的下载和使用

art-template 模板引擎既可以在服务器端使用，也可以在浏览器端使用。在浏览器端使用时，只需引入核心文件 template-web.js，它可以在浏览器中实时进行编译。当使用 Ajax 技术向服务器端发送请求时，服务器端通常会响应 JSON 格式的数据内容。然后，在浏览器端完成数据和 HTML 的拼接，而数据和 HTML 的拼接需要通过 art-template 模板引擎来实现。下面讲解浏览器端 art-template 模板引擎的下载和使用。

在 art-template 模板引擎网站上下载核心文件 template-web.js，如图 6-5 所示。

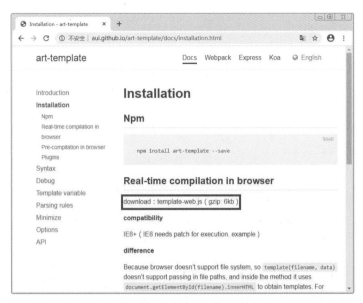

图 6-5　下载核心文件 template-web.js

为了让读者更好地理解 template-web.js 的使用，下面通过例 6-4 进行讲解。

【例 6-4】

（1）在 C:\code\chapter06\server 目录中，新建 demo04.html 文件，编写如下代码。

```
1  <!DOCTYPE html>
2  <html>
3  <head>
4    <meta charset="UTF-8">
5    <title>Document</title>
6    <script src="./js/template-web.js"></script>
7  </head>
8  <body>
9  </body>
10 </html>
```

上述代码中，第 6 行代码引入 template-web.js，该文件存放于 js 文件目录下。

（2）在上述步骤（1）中第 8 行代码后，定义 id 值为 tpl 的模板，代码如下所示。

```
1  <script id="tpl" type="text/html">
2    <div class="box">{{username}}</div>
3  </script>
```

上述代码中，第 2 行代码使用 "{{username}}" 模板语法输出 username 的值。

（3）在上述步骤（2）中第 3 行代码后，使用 template() 方法将 tpl 模板和 {username: 'zhangsan'}

数据进行拼接，编写如下代码。

```
1  <script>
2    var html = template('tpl', {username: 'zhangsan'});
3  </script>
```

上述代码中，template(filename, data)的第 1 个参数是模板 id 值；第 2 个参数是模板数据。需要注意的是，模板数据必须为数组和对象类型。因为浏览器不支持文件系统，所以不支持传递文件路径。

（4）在上述步骤（3）中第 2 行代码后，将拼接好的 HTML 字符串添加到页面中，编写如下代码。

```
document.write(html);
```

（5）在浏览器中打开 demo04.html，运行结果如图 6-6 所示。

图 6-6　例 6-4 运行结果

6.2.2　art-template 模板引擎渲染数据

通过 Ajax 请求的数据可以用 art-template 模板引擎渲染到页面中。其开发思路为，在 Node.js 中编写一个用于提供数据的服务器端接口，然后在页面中将要渲染的数据通过 template()函数传到模板中，并在模板中使用列表渲染语法将数据渲染出来。下面通过例 6-5 进行演示。

【例 6-5】

（1）在 C:\code\chapter06\server 目录中，新建 list.js 文件，编写代码如下。

```
1  // 引入 Express 框架
2  const express = require('express');
3  const path = require('path');
4  // 创建 Web 服务器
5  const app = express();
6  // 静态资源访问服务功能
7  app.use(express.static(path.join(__dirname, 'public')));
8  app.get('/list', (req, res) => {
9    // 定义列表
10   const list = [
11     '列表 1',
12     '列表 2',
13     '列表 3',
14     '列表 4',
15     '列表 5'
16   ];
```

```
17    // 返回给客户端
18    res.send(list);
19 });
20 // 监听端口
21 app.listen(3000);
22 // 控制台提示输出
23 console.log('服务器启动成功');
```

上述代码中，第 10～16 行代码定义 list 数组列表；第 18 行代码将定义好的 list 数组返回给客户端。

（2）在 server\public 目录中，新建 demo05.html 文件，编写如下代码。

```
1  <!DOCTYPE html>
2  <html>
3  <head>
4    <meta charset="UTF-8">
5    <title>列表渲染</title>
6    <link rel="stylesheet" href="./css/bootstrap.min.css">
7  </head>
8  <body>
9    <ul class="list-group" id="list-box"></ul>
10   <script src="./js/ajax.js"></script>
11   <script src="./js/template-web.js"></script>
12   <script type="text/html" id="tpl">
13     {{each result}}
14       <li class="list-group-item">{{$value}}</li>
15     {{/each}}
16   </script>
17 </body>
18 </html>
```

上述代码中，第 6 行代码将 bootstrap.min.css 的库文件引入当前页面，该文件存放于 server\public\css 文件目录下，而 bootstrap.min.css 是 Bootstrap 样式文件，可以从本书配套源代码中获取；第 9 行代码定义列表最外层结构；第 10 行代码引入 ajax.js 文件，该文件是 5.6 节封装好的 ajax()函数，它存放于 server\public\js 文件目录下；第 11 行代码引入 template-web.js 文件；第 12～16 行代码使用 each 模板语法渲染 ul 中的每一个 li，通过$value 获取 result 对象中的每一个元素。

（3）在上述步骤（2）中的第 16 行代码后编写如下代码。

```
1  <script>
2    // 获取提示文字的存放容器
3    var listBox = document.getElementById('list-box');
4    // 向服务器端发送请求
5    ajax({
6      type: 'get',
7      url: 'http://localhost:3000/list',
8      data: {
9        key:''
10     },
11     success: function (result) {
```

```
12        console.log(result);
13        // 使用模板引擎拼接字符串
14        var html = template('tpl', {result: result});
15        // 将拼接好的字符串显示在页面中
16        listBox.innerHTML = html;
17      },
18      error: function (result) {
19        console.log(result);
20      }
21    });
22 </script>
```

上述代码中，第 5~21 行代码使用 ajax() 函数发起 GET 请求，请求成功后，将返回的结果 result 对象作为 template() 方法的第 2 个参数，将 tpl 作为模板的 id 值。通过调用 template() 方法生成 HTML 字符串。第 16 行代码将生成的 HTML 字符串赋值给 listBox.innerHTML 属性。

（4）使用 node list.js 命令启动服务器，在浏览器中打开 "http://localhost:3000/demo05.html"，运行结果如图 6-7 所示。

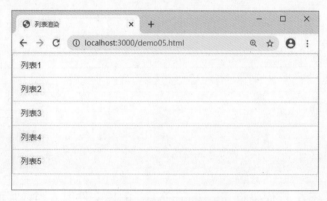

图 6-7　例 6-5 运行结果

6.3　Ajax 同源策略

Ajax 发送的请求会受到同源策略的限制。同源策略的限制与 URL 地址有关。对于同源策略限制的跨域问题，可以通过不同的方式来解决。下面讲解 Ajax 同源策略的相关知识。

6.3.1　什么是 Ajax 同源策略

Ajax 同源策略是由 Netscape（网景通信公司）提出的安全策略，它可以让同一网站之间的访问不受限制，但不同网站之间不能随意访问。如何判断页面或者请求是否符合同源策略？下面对 Ajax 同源策略的规定进行讲解。

Ajax 同源策略规定 URL 地址中的协议、域名和端口要都相同，以保证多个页面或者请求来自同一个服务器端，也就是同源，只要有一个不相同，就是不同源。例如，现在有一个 A 网站和一个 B 网站两个不同源服务器，Ajax 同源策略的限制让 A 网站中的 HTML 文件只能向 A 网站的服务器中发送 Ajax 请求；B 网站中的 HTML 文件也只能向 B 网站的服务器中发送 Ajax 请求。

为了让读者更好地理解，下面讲解同源的 URL 地址和不同源 URL 地址的情况。

1. 同源 URL 地址，协议、域名和端口号都相同

如果 URL 地址是 "http://www.example.test:8080/test.html"，那么该地址的同源 URL 地址示例如下。

```
http://www.example.test:8080
```

上述示例中，协议、域名和端口号都相同，这就是一个同源的 URL 地址。需要注意的是，域名后面的请求的具体地址可以忽略不计。

2. 不同源 URL 地址，域名不同

如果 URL 地址是 "http://www.example.test:8080/test.html"，那么该地址的不同源 URL 地址示例如下。

```
http://example.test:8080
http://v2.example.test:8080
```

上述示例中，域名分别为 "example.test" 和 "v2.example.test"，与 "www.example.test" 域名不同，这些就是不同源的 URL 地址。

3. 不同源 URL 地址，端口号不同

如果 URL 地址是 "http://www.example.test:8080/test.html"，那么该地址的不同源 URL 地址示例如下。

```
http://www.example.test:81
```

上述示例中，端口号为 81，与 8080 端口号不相同，这就是不同源的 URL 地址。

4. 不同源 URL 地址，协议不同

如果 URL 地址是 "http://www.example.test:8080/test.html"，那么该地址的不同源 URL 地址示例如下。

```
https://www.example.test:8080
```

上述示例中，协议为 HTTPS，与 HTTP 协议不相同，这就是不同源的 URL 地址。

为了让读者更好地理解两个不同源服务器之间发送的限制，下面通过例 6-6 进行讲解，具体步骤如下。

【例 6-6】

（1）在 C:\code\chapter06 目录下新建 server1 目录，然后在 server1 目录中新建 public 目录和 public\demo06.html 文件。public\demo06.html 文件的代码如下。

```
1  <!DOCTYPE html>
2  <html>
3  <head>
4    <meta charset="UTF-8">
5    <title>Document</title>
6  </head>
```

```
7  <body>
8    <button id="btn">点我发送请求</button>
9    <script src="/js/ajax.js"></script>
10   <script>
11     // 获取按钮
12     var btn = document.getElementById('btn');
13     // 为按钮添加单击事件
14     btn.onclick = function () {
15       ajax({
16         type: 'get',
17         url: 'http://localhost:3001/test',
18         success: function (data) {
19           console.log(data);
20         }
21       });
22     };
23   </script>
24 </body>
25 </html>
```

上述代码中，第 8 行代码定义按钮；第 9 行代码引入封装好的 ajax.js 文件，该文件存放于 "server1\public\js" 目录下；第 17 行代码设置 url 属性的值为 "http://localhost:3001/test"，表示访问端口号为 3001 的不同源 server2 服务器；第 19 行代码打印服务器端返回的数据。

（2）在 server1 目录中，下载 Express 框架，新建 app.js 文件，编写如下代码。

```
1  // 引入 Express 框架
2  const express = require('express');
3  // 路径处理模块
4  const path = require('path');
5  // 创建 Web 服务器
6  const app = express();
7  // 静态资源访问服务功能
8  app.use(express.static(path.join(__dirname, 'public')));
9  // 监听端口
10 app.listen(3000);
11 // 控制台提示输出
12 console.log('服务器启动成功');
```

上述代码中，第 10 行代码通过调用 listen()方法让 server1 服务器监听 3000 端口。

（3）在 C:\code\chapter06 目录中，新建 server2 目录，在 server2 目录下载 Express 框架，并新建 app.js，编写如下代码。

```
1  // 引入 Express 框架
2  const express = require('express');
3  // 创建 Web 服务器
4  const app = express();
5  app.get('/test', (req, res) => {
6    res.send('ok');
7  });
8  // 监听端口
```

```
9  app.listen(3001);
10 // 控制台提示输出
11 console.log('服务器启动成功');
```

上述代码中，第 5~7 行代码定义 "/test" 路由，并发送 "ok"；第 9 行代码调用 listen()方法让不同源服务器 server2 监听 3001 端口。

（4）分别切换到 server1 和 server2 目录，在命令行工具中使用 node app.js 命令分别启动 server1 和 server2 两个不同源的服务器，在浏览器中打开 "http://localhost:3000/demo06.html"，单击 "点我发送请求" 按钮，运行结果如图 6-8 所示。

图 6-8　例 6-6 运行结果

6.3.2　JSONP 解决跨域请求问题

JSONP（JSON with Padding）是 JSON 的一种使用模式，它解决了 Ajax 同源限制的问题。下面讲解如何使用 JSONP 解决不同源服务器之间请求访问的问题。

JSONP 请求使用<script>标签来实现，示例代码如下。

```
<script type="text/javascript" src="JSONP 请求地址"></script>
```

上述代码设置 src 属性的值为 JSONP 请求地址，当页面加载时会发起一个 JSONP 的跨域请求。

下面演示 JSONP 请求地址的组成，示例 URL 地址如下。

```
http://localhost:3000/jsonp?jsoncallback=callbackFunction&name=value
```

上述代码中，"/jsonp" 表示路由的地址；使用 "?" 符号连接请求参数；多个参数使用 "&" 符号连接。其中，jsoncallback 表示请求参数名称，在这里将它的值设置为 callbackFunction 回调函数；将 name 参数的值设置为 value。

为了让读者更好地理解 JSONP 解决不同源服务器之间的请求问题，下面通过例 6-7 进行讲解。

【例 6-7】

（1）在 C:\code\chapter06\server1\public 目录中，新建 demo07.html 文件，编写如下代码。

```
1  <!DOCTYPE html>
```

```html
2  <html>
3  <head>
4    <meta charset="UTF-8">
5    <title>Document</title>
6  </head>
7  <body>
8    <script>
9      function fn(data) {
10       console.log('客户端的 fn 函数被调用了');
11     }
12   </script>
13   <!-- 将非同源服务器端 server2 的请求地址写在 script 标签的 src 属性中 -->
14   <script src="http://localhost:3001/jsonp"></script>
15 </body>
16 </html>
```

上述代码中，第 9～11 行代码定义了 fn() 回调函数，并打印"客户端的 fn 函数被调用了"；第 14 行代码用于访问不同源服务器 server2 的请求地址 "http://localhost:3001/jsonp"。

（2）在 C:\code\chapter06\server2 目录中，新建 jsonp.js 文件，编写如下代码。

```javascript
1  // 引入 Express 框架
2  const express = require('express');
3  // 创建 Web 服务器
4  const app = express();
5  app.get('/jsonp', (req, res) => {
6    res.send('fn()');
7  });
8  // 监听端口
9  app.listen(3001);
10 // 控制台提示输出
11 console.log('服务器启动成功');
```

上述代码中，第 5～7 行代码定义 "/jsonp" 路由，并发送 fn() 函数的调用请求。

（3）切换到 server2，使用 node jsonp.js 命令启动服务器，在浏览器中打开 "http://localhost:3000/demo07.html"，运行结果如图 6-9 所示。

图 6-9 例 6-7 运行结果

在图 6-9 中，使用 JSONP 解决了不同源服务器请求访问的问题，并且成功打印了"客户端的 fn 函数被调用了"。

6.3.3　rquest 模块解决跨域请求问题

request 模块是一个 Node.js 第三方模块，是对 http 模块的封装，使用起来更加方便。使用 request 模块能够解决服务器端同源限制的问题，原因在于 request 模块其实是利用 Node.js 在服务器端发送请求，再把结果返回给浏览器端。

为了让读者更好地理解 request 模块解决不同源服务器之间的请求问题，下面通过例 6-8 进行讲解，具体步骤如下。

【例 6-8】

（1）在 C:\code\chapter06\server1 目录中，下载安装 request 模块，执行命令如下。

```
npm install request@2.88.0 --save
```

（2）在 server1\public 目录中，新建 demo08.html 文件，编写如下代码。

```
1  <!DOCTYPE html>
2  <html>
3  <head>
4    <meta charset="UTF-8">
5    <title>Document</title>
6  </head>
7  <body>
8    <button id="btn">点我发送请求</button>
9    <script src="/js/ajax.js"></script>
10   <script>
11     // 获取按钮
12     var btn = document.getElementById('btn');
13     // 为按钮添加单击事件
14     btn.onclick = function () {
15       ajax({
16         type: 'get',
17         url: 'http://localhost:3000/server',
18         success: function (data) {
19           console.log(data);
20         }
21       });
22     };
23   </script>
24 </body>
25 </html>
```

上述代码中，第 17 行代码设置 url 属性的值为 "http://localhost:3000/server"。

（3）在 server1 目录中，新建 server.js 文件，编写如下代码。

```
1  // 引入 Express 框架
2  const express = require('express');
3  const request = require('request');
4  // 路径处理模块
5  const path = require('path');
6  // 创建 Web 服务器
```

```
7  const app = express();
8  // 静态资源访问服务功能
9  app.use(express.static(path.join(__dirname, 'public')));
10 app.get('/server', (req, res) => {
11   request('http://localhost:3001/cross', (err, response, body) => {
12     res.send(body);
13   });
14 });
15 // 监听端口
16 app.listen(3000);
17 // 控制台提示输出
18 console.log('服务器启动成功');
```

上述代码中，第 3 行代码引入 request 模块，并赋值给 request 常量；第 10 行代码定义 "/server" 路由；第 11 行代码使用 request()方法访问不同源服务器 server2 的请求地址 "http://localhost: 3001/cross"，请求方式默认为 GET。在请求成功后，使用 res.send()方法将该接口响应的 body 发送给客户端。

（4）在 server2 目录中，新建 cross.js 文件，编写如下代码。

```
1  // 引入 Express 框架
2  const express = require('express');
3  // 创建 Web 服务器
4  const app = express();
5  app.get('/cross', (req, res) => {
6    res.send('ok');
7  });
8  // 监听端口
9  app.listen(3001);
10 // 控制台提示输出
11 console.log('服务器启动成功');
```

上述代码中，第 5~7 行代码定义 "/cross" 路由，并发送 "ok"。

（5）切换到 server1 和 server2 目录，在命令行工具中使用 node server.js 和 node cross.js 分别启动两个不同源的服务器，在浏览器中打开 "http://localhost:3000/demo08.html"，单击 "点我发送请求" 按钮，运行结果如图 6-10 所示。

图 6-10　例 6-8 运行结果

在图 6-10 中，使用 request 模块解决了不同源服务器请求访问的问题，并且成功打印了 "ok" 提示信息。

6.4 jQuery 中的 Ajax

在前面讲解的内容中，都是使用自己封装好的 ajax() 函数来实现 Ajax 请求，这样可以避免书写重复的代码。其实，也可以直接使用 jQuery 中的 Ajax 提供的方法来实现，其功能非常强大，且使用简单。下面讲解 jQuery 中 Ajax 的使用。

6.4.1 下载 jQuery

从 jQuery 的官方网站可以获取最新版本的 jQuery 文件，jQuery 官方网站如图 6-11 所示。

进入下载页面后，获取 jQuery 所有版本的下载链接地址，下载 jQuery 3.5.1，如图 6-12 所示。

图 6-11 jQuery 官方网站

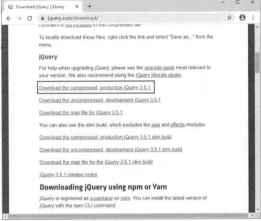

图 6-12 下载 jQuery 3.5.1

在图 6-12 中选择压缩版（compressed），将文件保存到本地，并将其命名为 jquery-3.5.1.min.js。在 HTML 中，使用 <script> 标签引入即可，示例代码如下。

```
<!-- 方式 1：引入本地下载的 jQuery -->
<script src="jquery-3.5.1.min.js"></script>
```

另外，一些 CDN（Content Delivery Network，内容分发网络）也提供了 jQuery 文件，无须下载可直接引入，示例代码如下。

```
<!-- 方式 2：通过 CDN(内容分发网络) 引入 jQuery -->
<script src=" https://cdn.bootcdn.net/ajax/libs/jquery/3.5.1/jquery.min.js">
</script>
```

6.4.2 $.ajax() 方法

$.ajax() 方法用于执行一个异步的 HTTP 请求，即 Ajax 请求。$.ajax() 方法接收配置对象作为参数。下面讲解 $.ajax() 方法的使用。

1. $.ajax()方法配置对象

$.ajax()方法配置对象的属性主要包括 url、type、data 和 success 等，示例代码如下。

```
{
  type: '',
  url: '',
  data:'',
  contentType: '',
  beforeSend: function () {}
  success: function (response) {
    console.log(response);
  },
  error: function (xhr) {
    console.log(xhr);
  }
}
```

上述代码中，type 表示请求方式；url 表示请求地址；data 表示请求参数，属性的值可以是对象类型，也可以是字符串类型；contentType 表示向服务器传递的请求参数的数据类型，默认值为 "application/x-www-form-urlencoded"；beforeSend 表示在 Ajax 发送请求之前要执行的操作 success 表示成功回调函数，当请求成功后会被调用，该方法会自动将 JSON 字符串转换成为 JSON 对象，接收的参数 response 表示服务器端返回的数据；error 表示错误回调函数，当请求失败后会被调用。

为了让读者更好地理解$.ajax()方法的使用，下面通过例 6-9 进行讲解，具体步骤如下。

【例 6-9】

（1）在 C:\code\chapter06\server\public 目录中，新建 demo09.html 文件，编写如下代码。

```
1  <!DOCTYPE html>
2  <html>
3  <head>
4    <meta charset="UTF-8">
5    <title>$.ajax()方法的使用</title>
6  </head>
7  <body>
8    <button id="btn">发送请求</button>
9    <script src="/js/jquery-3.5.1.min.js"></script>
10 </body>
11 </html>
```

上述代码中，第 8 行代码定义按钮；第 9 行代码引入 jquery-3.5.1.min.js 文件，该文件存放于 "server\public\js" 文件目录下。

（2）在上述步骤（1）中第 9 行代码后，编写如下代码发起 GET 请求。

```
1  <script>
2    $('#btn').on('click', function () {
3      $.ajax({
4        type: 'get',
5        url: 'http://localhost:3000/jqueryAjax',
```

```
6        contentType: 'application/x-www-form-urlencoded',
7        data:{
8          name:'张三',
9          age:20
10       },
11       success: function (response) {
12         console.log(response);
13       },
14       error: function (xhr) {
15         console.log(xhr);
16       }
17     });
18   });
19 </script>
```

上述代码中，第 2 行代码使用$ ('#btn')获取到 id 值为 "btn" 的按钮，调用 on()方法为该按钮绑定 click 事件。第 3 行代码调用$.ajax()方法向 "http://localhost:3000/jqueryAjax" 服务器地址发起 Ajax 请求，其中，"http://localhost:3000" 可以省略不写。第 4 行代码设置 type 属性的值为 "get"。第 6 行代码设置 contentType 的值为 application/x-www-form-urlencoded。第 7～10 行代码设置 data 属性的值为对象类型，如果 data 属性的值为对象，data 对象会被 jQuery 对象自动转换为字符串的形式。第 12 行代码打印服务器端返回的数据。

需要注意的是，success 成功函数会自动将 JSON 字符串转换成为 JSON 对象，不需要使用 JSON.parse()进行手动转换。

（3）在 server 目录中新建 jqueryAjax.js 文件，编写如下代码。

```
1  // 引入 Express 框架
2  const express = require('express');
3  // 路径处理模块
4  const path = require('path');
5  // 创建 Web 服务器
6  const app = express();
7  // 静态资源访问服务功能
8  app.use(express.static(path.join(__dirname, 'public')));
9  app.get('/jqueryAjax', (req, res) => {
10   // 返回给客户端
11   res.send(req.query);
12 });
13 // 监听端口
14 app.listen(3000);
15 // 控制台提示输出
16 console.log('服务器启动成功');
```

上述代码中，第 9～12 行代码定义 "/jqueryAjax" 路由。其中，第 11 行代码使用 res.send()方法返回请求参数 req.query。

（4）切换到 server 目录，使用 node jqueryAjax.js 命令启动服务器，在浏览器中打开 "http://localhost:3000/demo09.html"，单击 "发送请求" 按钮，运行结果如图 6-13 所示。

（5）打开浏览器，单击"Network"面板，然后单击"XHR"按钮，请求参数运行结果如图 6-14 所示。

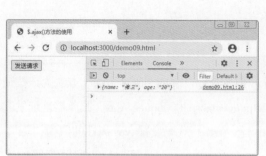

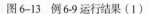

图 6-13　例 6-9 运行结果（1）

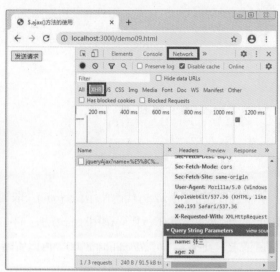

图 6-14　请求参数运行结果

如果服务器端要求传递 JSON 类型数据，而不是"参数名=参数值"，并且多个参数使用"&"符号连接的形式，data 需要被转换成为 JSON 字符串的格式后再向服务器发送，否则将会被自动转换为"参数名=参数值"，并且多个参数使用"&"符号连接的形式。

（6）修改上述步骤（2）中的代码，发起 POST 请求，编写如下代码。

```
1  <script>
2    $('#btn').on('click', function () {
3      $.ajax({
4        type: 'post',
5        url: 'http://localhost:3000/jqueryBody',
6        contentType: 'application/json',
7        data: JSON.stringify({ name: '张三', age: 20 }),
8        success: function (response) {
9          console.log(response);
10        },
11        error: function (xhr) {
12          console.log(xhr);
13        }
14      });
15    });
16  </script>
```

上述代码中，第 4 行代码设置 type 的值为"post"；第 6 行代码设置 contentType 的值为"application/json"；第 7 行代码添加 JSON.stringify()，将 data 对象转换为可以发送的 JSON 字符串格式。

（7）在 server 目录中，新建 jqueryBody.js 文件，编写如下代码。

```
1  // 引入 Express 框架
2  const express = require('express');
```

```
3  const bodyParser = require('body-parser');
4  // 路径处理模块
5  const path = require('path');
6  // 创建 Web 服务器
7  const app = express();
8  // 静态资源访问服务功能
9  app.use(express.static(path.join(__dirname, 'public')));
10 app.use(bodyParser.json());
11 app.post('/jqueryBody', (req, res) => {
12   // 返回给客户端
13   res.send(req.body);
14 });
15 // 监听端口
16 app.listen(3000);
17 // 控制台提示输出
18 console.log('服务器启动成功');
```

上述代码使用 req.body 获取到请求参数，并将其返回到客户端。

需要注意的是，在使用 req.body 获取请求参数时，需要确保成功安装了 body-parser 模块，并调用了 app.use(bodyParser.json())中间件，否则返回的是一个空对象。

（8）使用 node jqueryBody.js 命令启动服务器，刷新浏览器页面，单击"发送请求"按钮，运行结果如图 6-15 所示。

图 6-15 例 6-9 运行结果（2）

▌▌ 多学一招：jQuery 中的 Ajax 快捷方法

jQuery 中的 Ajax 快捷方法可以帮开发人员用最少的代码发送常见的 Ajax 请求，常用的快捷方法有$.get()、$.post()和$.getJSON()，下面分别进行简要介绍。

$.get()方法表示使用一个 HTTP GET 请求从服务器加载数据，示例代码如下。

```
$.get(url, data, function (data, status, xhr) {}, dataType);
```

上述代码中，url 表示请求地址；data 表示请求参数；function 表示请求成功执行的函数；function 中的 data 表示请求的结果数据，status 表示请求的状态，xhr 表示 XMLHttpRequest 对象；dataType 表示请求参数数据类型。

$.post()方法表示使用一个 HTTP POST 请求从服务器加载数据，示例代码如下。

```
$.post(url, data, function (data, status, xhr) {}, dataType);
```

　　上述代码中，$.post()方法中的参数与$.get()方法中的参数含义相同。

　　$.getJSON()方法表示使用一个 HTTP GET 请求从服务器加载 JSON 编码的数据，示例代码如下。

```
$.getJSON(url, data, function (data, status, xhr) {});
```

　　上述代码中，$.getJSON()方法中除了没有 dataType 外，其他参数与$.get()和$.post()方法中的参数含义相同。

6.4.3　Ajax 辅助方法

　　Ajax 辅助方法中的$.serialize()方法和$.serializeArray()方法可以处理页面中的表单数据。在发送 Ajax 请求时，将处理完后的表单数据发送到服务器端。下面讲解 Ajax 辅助方法的使用。

1. $.serialize()方法

　　$.serialize()方法用于将提交的表单元素的值编译成 "参数名=参数值"，并且多个参数使用 "&" 符号连接的字符串形式，示例代码如下。

```
var params = $('#form').serialize();
```

　　上述代码中，#form 表示 form 表单元素的 id 值。

2. $.serializeArray()方法

　　$.serializeArray()方法用于将提交的表单元素的值编译成数组。例如[{ name: a, value: 1 }, { name: b, value: 2 }, ...]，示例代码如下。

```
var params = $('#form').serializeArray();
```

　　为了让读者更好地理解 Ajax 辅助方法的使用，下面通过例 6-10 进行讲解，具体步骤如下。

【例 6-10】

　　（1）在 C:\code\chapter06\server 文件目录下，新建 demo10.html 文件，编写如下代码。

```
1  <!DOCTYPE html>
2  <html>
3  <head>
4    <meta charset="UTF-8">
5    <title>Ajax 辅助方法的使用</title>
6  </head>
7  <body>
8    <form id="form" style="width: 245px;">
9      用户名：<input type="text" name="username" style="float: right;" /><br><br>
10     密码：<input type="password" name="password" style="float: right;" /><br><br>
11     <input type="submit" value="提交">
12   </form>
13   <script src="./js/jquery-3.5.1.min.js"></script>
14   <script>
15     $('#form').on('submit', function () {
16       // 将表单内容拼接成字符串类型的参数
17       var params = $('#form').serialize();
18       console.log(params);
19       // 将表单内容拼接成对象类型的参数
20       console.log(serializeObject($(this)));
```

```
21      return false;
22    });
23  </script>
24 </body>
25 </html>
```

上述代码中，第 8 行代码设置<form>标签的 id 值为 "form"；第 13 行代码引入 jquery–3.5.1.min.js；第 15 行代码首先使用$('#form')获取到 id 值为 form 的表单元素对象，然后使用 on()绑定 submit 表单提交事件，当单击 "提交" 按钮时触发表单提交事件；第 17 行代码将表单内容拼接成字符串类型的参数；第 20 行代码调用 serializeObject($(this))函数将表单内容拼接成对象类型的参数，其中，$(this)表示 form 表单元素对象。

（2）在 demo10.html 文件的<script>标签内，封装 serializeObject()函数，编写如下代码。

```
1  // 将表单中用户输入的内容转换为对象类型
2  function serializeObject(obj) {
3    // 处理结果对象
4    var result = {};
5    // [{name: 'username', value: '用户输入的内容'}, {name: 'password', value: '123456'}]
6    var params = obj.serializeArray();
7    console.log(params);
8    // 循环数组将数组转换为对象类型
9    $.each(params, function (index, value) {
10     result[value.name] = value.value;
11   });
12   // 将处理的结果返回到函数外部
13   return result;
14 }
```

上述代码中，第 4 行代码定义 result 空对象；第 6 行代码使用 serializeArray()函数将表单内容编译成数组类型的参数，并赋值给 params 变量；第 9~11 行代码使用$.each()方法循环遍历数组，其中，params 表示数组参数，函数中的 index 表示当前索引，value 表示当前索引对应的值；第 10 行代码将数组中每个元素的 value 值赋值给 result 结果对象的 name 属性；第 13 行代码返回 result 结果对象。

（3）在浏览器中打开 demo10.html，输入 "张三" "123456"，运行结果如图 6-16 所示。

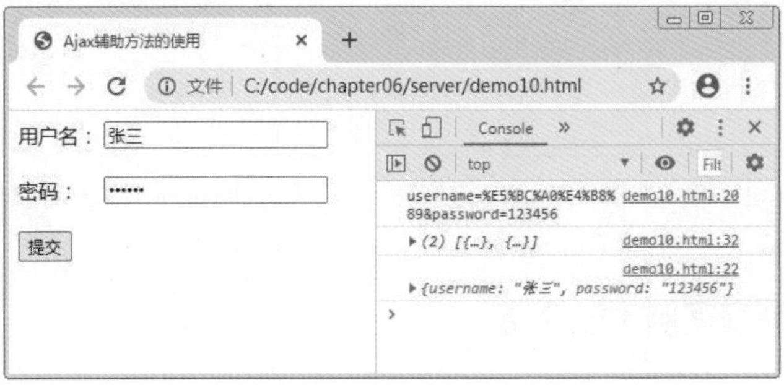

图 6-16　例 6-10 运行结果

6.5　文章列表案例

本案例将会使用 jQuery Mobile 搭建一个移动端的文章列表页面，并使用前面已学到的 Ajax 相关知识来加载页面中的数据。希望通过这个案例使读者了解如何将 Ajax 技术灵活运用到实际开发中。

6.5.1　文章列表案例展示

本案例是一个文章列表页面，主要完成文章的查找和搜索功能。文章列表页面效果如图 6–17 所示。

在图 6–17 中的搜索框中输入关键字"父"，然后文章列表会自动搜索带有"父"相关信息的列表项，并展示在页面中，关键字搜索结果如图 6–18 所示。

图 6–17　文章列表页面

图 6–18　关键字搜索结果

6.5.2　文章列表案例功能介绍

本案例主要功能包括展示文章列表信息和查询列表信息，具体介绍如下。

（1）使用 jQuery Mobile 搭建页面，实现界面效果。

（2）展示文章列表信息：当用户访问文章列表页时，使用 Ajax 来加载数据，并将数据展示在页面中。

（3）查询列表信息：当用户在文章列表页的搜索框中输入关键字时，页面会根据关键字自动查询相关列表项并将查询结果展示在页面中。

6.5.3　知识拓展——jQuery Mobile

jQuery Mobile 是一个基于 jQuery 的移动端用户界面库，可以用于快速搭建移动端页面。下面对 jQuery Mobile 的获取及使用进行讲解。

1. 获取 jQuery Mobile 压缩包

访问 jQuery Mobile 的官方网站，下载 jQuery Mobile，如图 6–19 所示。

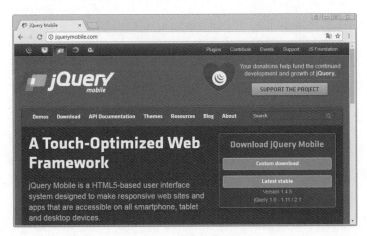

图 6–19　下载 jQuery Mobile

在图 6–19 中，提供了"Custom download"（自定义下载）和"Latest stable"（稳定版）两个下载按钮，这里选择单击"Latest stable 下载"按钮进行。

2. 引入核心文件

先将从 jQuery Mobile 网站下载到的"jquery.mobile–1.4.5.zip"压缩包解压，保存到"chapter06\mobile–1.4.5"目录中。

jQuery Mobile 在使用前需要在项目的 HTML 文件中引入必备的文件，示例代码如下。

```
<link rel="stylesheet" href="mobile-1.4.5/jquery.mobile-1.4.5.min.css">
<script src="jquery-1.12.4.js"></script>
<script src="mobile-1.4.5/jquery.mobile-1.4.5.min.js"></script>
```

需要注意的是，jquery–1.12.4.js 文件必须在 mobile 文件前引入，从而避免程序在运行时找不到相关方法而发生错误等情况。

为了让读者更好地理解，下面通过例 6–11 演示如何创建一个移动版的用户界面布局。

【例 6–11】

在 C:\code\chapter06 目录中新建 demo11.html 文件，编写如下代码。

```
1  <div data-role="page" id="page1" >
2    <div data-role="header" data-position="fixed">
3      <h1>头部栏</h1>
4    </div>
5    <div role="main" class="ui-content">
6      <p>主体内容</p>
7    </div>
8    <div data-role="footer" data-position="fixed">
9      <h4>尾部栏</h4>
10   </div>
11 </div>
```

上述代码中，一个带有 data-role="page"的元素（容器，通常使用 div）在移动设备上会被看作是一个视图或页面。将 data-role 设置为 header 表示移动页面的头部栏，设置为 footer 表示页面的尾部栏；role 设置为 main 表示该页面的主体内容。

其中，利用 data-position="fixed"将头部和尾部设为固定工具栏；将 class 设置为 ui-content 表示使用 jQuery Mobile 提供的 CSS 样式。

使用浏览器访问 demo11.html，打开浏览器开发者工具，预览移动设备的页面效果，如图 6-20 所示。

3. 简单的移动导航

jQuery Mobile 提供的 Navbar 组件用于设置移动导航，使用时只需将指定容器的 data-role 设置为 navbar，在该容器中利用无序列表添加导航项即可。

例如，在尾部栏中添加含有 "首页" "详情" "个人" "设置" 的导航，具体代码如下。

图 6-20　移动设备的页面效果

```
<div data-role="navbar">
  <ul>
    <li><a href="#" class="ui-btn-active">首页</a></li>
    <li><a href="#">详情</a></li>
    <li><a href="#">个人</a></li>
    <li><a href="#">设置</a></li>
  </ul>
</div>
```

上述代码中，设置 class 值为 ui-btn-active，表示默认选中此项。

移动导航页面效果如图 6-21 所示。

在图 6-21 中，各导航项平均地显示在移动设备的底部，当导航项大于 5 个时，则以多行的方式显示。

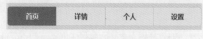

图 6-21　移动导航页面效果

4. 设置导航图标及位置

在移动设备中，经常会看到导航项有对应的图标显示。jQuery Mobile 也提供了图标设置的功能，使用时将 data-icon 设置为图标目录下图片的名称即可。

下面通过代码演示如何为导航添加图标并设置图标的显示位置，具体代码如下。

```
<div data-role="navbar" data-iconpos="left">
 <ul>
  <li><a href="#" data-icon="star" data-iconpos="top">首页</a></li>
  <li><a href="#" data-icon="search" data-iconpos="top">详情</a></li>
  <li><a href="#" data-icon="refresh" data-iconpos="top">个人</a></li>
  <li><a href="#" data-icon="power" data-iconpos="top">设置</a></li>
 </ul>
</div>
```

上述代码中，添加的图标默认显示在导航项文字的左侧，可以通过 data-iconpos 属性在导航的容器中自定义图标的位置，例如将其设置为 top 则显示在上方，其他可选值为 bottom、right、left 和 notext（仅显示图标，不显示文字）。

修改完成后，带有图标的移动导航页面效果如图 6-22 所示。

5. 简单的列表视图

jQuery Mobile 提供的 Listview 组件用于设置列表视图，使用时只需将指定容器的 data-role 设置为 listview，在该容器中利用无序或有序列表添加列表项即可。

例如，在移动设备的主体内容中添加一组无序列表项，具体代码如下。

```
<ul data-role="listview">
 <li><a href="#">实时资讯</a></li>
 <li>新闻热点</li>
 <li><a href="#">重大事件</a></li>
</ul>
```

列表视图页面效果如图 6-23 所示。

图 6-22　带有图标的移动导航

图 6-23　列表视图页面效果

从图 6-23 可以看出，列表项填充移动设备窗口的全部宽度，且有链接的列表项左侧有右箭头。除此之外，还可以将列表设置为有序列表，只需将上述示例中的<ul>标签改为<ol>标签即可。

另外，在移动设备中看到的列表项的右侧经常会出现一些数字，用于表示特定的含义，例如访问量、销量等。为上述示例中的"实时资讯"添加数字标识，具体代码如下所示。

```
<li><a href="#">实时资讯</a><span class="ui-li-count">5000+</span></li>
```

上述代码中，在<li>标签中添加了一个<span>标签，将其 class 属性设置为 ui-li-count 即可在列表项的后面显示一个数字标识，标识中显示的内容可以在<span>标签中定义。

带有数字标识的列表视图如图 6-24 所示。

6. 缩略图列表

在移动应用中展示含有图片的列表信息是常见功能之一。jQuery Mobile 可以将任意大小的图片自动缩放到 80 像素并展示到列表中，示例代码如下。

```
<ul data-role="listview" data-inset="true">
  <li>
    <a href="#"><img src="1.jpg"><h2>Desert</h2><p>提示……</p></a>
  </li>
  <li>
    <a href="#"><img src="2.jpg"><h2>Lighthouse</h2><p>提示……</p></a>
  </li>
</ul>
```

上述代码中，<img>标签用于引入图片，<h2>标签用于设置该列表的标题，<p>标签用于设置列表信息的简短描述。需要注意的是，在实现此功能时，需在当前文件所在目录下添加对应的图片。设置完成后，缩略图列表效果如图 6-25 所示。

图 6-24　带有数字标识的列表视图

图 6-25　缩略图列表

另外，还可以为缩略图列表添加分割线，以上述示例中第一个列表项为例进行修改，具体代码如下。

```
<li>
  <a href="#"><img src="1.jpg"><h2>Desert</h2><p>提示……</p></a>
  <a></a>
</li>
```

上述代码中，在列表代码中多添加了一对<a>标签，从而实现利用 jQuery Mobile 进行分割。带有分割线的缩略图列表效果如图 6-26 所示。

7. 列表分类与过滤

为了给用户提供更好的体验，在开发时完成列表分类显示、内容查找过滤等操作是开发人员需要考虑的问题。

例如，在移动设备主体内容中添加一个图书与电子产品的分类，具体代码如下。

```
<ul data-role="listview" data-inset="true">
  <li data-role="list-divider">图书</li>
  <li><a href="#">数学书</a></li>
  <li><a href="#">语文书</a></li>
  <li data-role="list-divider">电子</li>
  <li><a href="#">智能手机</a></li>
  <li><a href="#">平板电脑</a></li>
</ul>
```

上述代码中，data-inset 设为 true 表示该列表是一个内嵌的列表，将列表项中的 data-role 属性设置为 list-divider 用于标识分类的名称。列表分类效果如图 6-27 所示。

图 6-26　带有分割线的缩略图列表　　　　　　　图 6-27　列表分类效果

另外，列表分类还可以根据列表项的首字符进行自动划分，或是添加过滤栏通过搜索找出含有相应内容的项，示例代码如下。

```
<ul data-role="listview" data-inset="true" data-filter="true"
data-autodividers="true">
 <li><a href="#">书包</a></li>
 <li><a href="#">书籍</a></li>
 <li><a href="#">治理</a></li>
 <li><a href="#">治法</a></li>
</ul>
```

上述代码中，data-filter 属性设为 true 表示在列表的头部添加过滤栏，data-autodividers 属性设为 true 表示为列表开启自动分类功能。列表过滤效果如图 6-28 所示。

图 6-28　列表过滤效果

▌▌小提示：

本书在配套源代码包中提供了"文章列表"案例的完整代码和开发文档，读者可以参考这些资料进行学习。

本章小结

本章主要讲解了什么是 FormData 对象、客户端模板引擎和 Ajax 同源策略，以及 jQuery 中 Ajax 的使用。通过本章的学习，希望读者能够掌握 FormData 对象和客户端模板引擎的基本使用，能够解决 Ajax 同源策略的问题，并能够利用 Ajax 和 jQuery Mobile 完成文章列表案例的开发。

课后练习

一、填空题

1. 使用_____实例化 FormData()构造函数来创建 FormData 对象。

2. FormData 对象中，_____方法用于设置表单对象属性的值。

3. FormData 对象中，_____方法用于添加表单对象属性的值。

4. FormData 对象中，_____方法用于获取表单对象属性的值。

5. FormData 对象中，_____方法用于删除表单对象属性中的值。

二、判断题

1. FormData 对象提供了处理表单数据的方法，使用起来非常方便。（　　）

2. FormData 对象可以作为 POST 请求参数直接传递给服务器。（　　）

3. formidable 是一个第三方模块，用于解析表单数据 FormData 对象。（　　）

4. 使用 new 实例化 formidable.IncomingForm()构造函数来创建 formidable 表单解析对象。（　　）

5. formidable 表单解析对象提供了 parse()方法，parse()方法会转换请求中所包含的表单数据。（　　）

三、选择题

1. 下列选项中，用于定义文件域表单元素的是（　　）。

A. <input type="file" />　　　　　　　　B. <input type="text" />

C. <input type="button" />　　　　　　　D. <input type="submit" />

2. 下列选项中，用于设置上传的文件保持原来的文件扩展名的是（　　）。

A. keepExtensions = true　　　　　　　B. keepExtensions = false

C. keepExtensions = boolean　　　　　　D. keepExtensions = undefined

3. 下列选项中，用于设置上传文件存放目录的属性的是（　　）。

A. loadDir　　　　B. downloadDir　　　C. uploadDir　　　D. loadDir

4. 下列选项中，用于循环遍历目标对象的模板语法是（　　）。

A. {{ each }}　　　　B. {{ for }}　　　C. {{ if }}　　　D. {{ while }}

5. 下列选项中，同源策略满足的条件不包括（　　）。

A. 协议相同　　　B. 域名相同　　　C. 端口号相同　　　D. 具体请求地址相同

四、简答题

请简述什么是 Ajax 同源策略。

第 7 章

Webpack打包工具

拓展阅读

★ 了解 Webpack 的基本概念，能够说出 Webpack 的作用

★ 掌握 Webpack 的安装与使用，能够搭建基本的工程化项目结构

★ 掌握 Webpack 的自动打包配置，能够实现自动打包的功能

★ 掌握 Webpack 加载器的使用，能够实现打包处理相应的文件

★ 掌握 Vue.js 单文件组件的使用，能够实现打包处理单文件组件

在 Web 项目开发时，浏览器对高级 JavaScript 的特性兼容程度比较低，不能为模块化的开发提供友好的支持。Webpack 是一个流行的前端项目构建工具（打包工具），对模块化的开发提供了友好的支持，提供了代码的压缩混淆、性能优化等功能。本章对 Webpack 打包工具的使用进行详细讲解。

7.1 初识 Webpack

7.1.1 什么是 Webpack

Webpack 打包工具用于对项目中的复杂文件进行打包处理，可以实现项目的自动化构建，并且给前端开发人员的工作带来了极大便利。目前，企业中的绝大多数前端项目是基于 Webpack 打包工具来进行打包的。Webpack 工作的原理如图 7-1 所示。

在图 7-1 中，立方体代表 Webpack 打包工具，它的左侧展示的内容表示前端项目中的图片或文件，并且文件的依赖关系错综复杂；它的右侧展示的内容表示项目经过 Webpack 打包工具处理之后的图片或文件，并且处理后的文件的依赖关系不再错综复杂了。

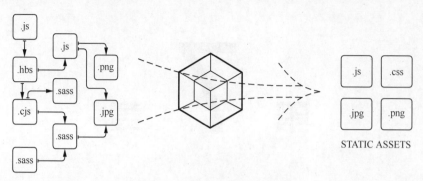

图 7-1　Webpack 工作的原理

7.1.2　Webpack 的安装与使用

下面演示 Webpack 的安装与使用，具体步骤如下。

（1）在 C:\code\chapter07 目录下，新建 webpack_study 目录，执行命令如下。

```
npm init -y
npm install webpack@4.44.2 webpack-cli@3.3.12 -D
```

上述代码中，npm init –y 初始化生成默认的 package.json。在项目根目录下，使用 npm 包管理工具安装 webpack 和 webpack–cli 两个模块。"–D"表示开发时依赖。

（2）在 webpack_study 目录下创建 webpack.config.js 文件，它是 Webpack 的配置文件，编写如下代码。

```
1 module.exports = {
2   mode: 'development'
3 };
```

上述代码使用 module.exports 方式导出配置对象。配置对象中的 mode 用于指定构建模式；设置 mode 的值为 development 表示开发模式，为 production 表示生产模式。当将 mode 的值设置为 production 时，打包处理后的文件会被压缩处理。

（3）打开 webpack_study\package.json 文件，在 scripts 节点下新增 dev 脚本，编写如下代码。

```
"dev": "webpack"
```

上述代码设置 dev 为 webpack，表示当使用 npm run dev 命令时可以执行 script 节点下 dev 选项的脚本，从而启动 Webpack 对项目进行打包处理。

（4）在 webpack_study 目录下创建 src 目录，在该目录下新建 index.js 文件，编写如下代码。

```
const a = 10;
```

（5）在 webpack_study 目录中，打开命令行工具，执行打包命令，具体命令如下。

```
npm run dev
```

打包完成后的输出结果如图 7-2 所示。

（6）查看 webpack_study 目录，新增了 dist 目录，打包生成 main.js，如图 7-3 所示。

在图 7-3 中，成功将 src 目录下的 index.js 文件打包成为 dist 目录下的 main.js 文件。

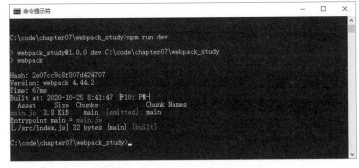

图 7-2　打包完成后的输出结果

图 7-3　打包生成 main.js

小提示：

在 Webpack 的 4.x 版本中，默认约定 entry 打包的入口文件为 src\index.js；output 打包的输出文件为 dist\main.js。

7.1.3　手动配置入口和出口文件

在项目开发的过程中，可以通过修改 Webpack 的相关配置来定义新的入口和出口文件。Webpack 默认入口和出口文件配置是通过手动设置 webpack.config.js 文件中的配置对象的 entry 和 output 属性来实现的。

为了让读者更好地理解配置入口和出口文件的过程，下面通过例 7-1 进行讲解。

【例 7-1】

（1）打开 webpack_study\webpack.config.js 文件，修改配置代码，具体如下。

```
1  // 导入操作文件路径的模块
2  const path = require('path');
3  module.exports = {
4    mode: 'development',
5    entry: path.join(__dirname, './src/index.js'), // 打包入口文件的路径
6    output: {
7      path: path.join(__dirname, './dist'),          // 输出文件的存放路径
8      filename: 'bundle.js'                           // 输出文件的名称
9    }
10 };
```

上述代码中，使用 module.exports 导出的配置对象中添加了 entry 和 output 属性的配置对象，并将 entry 的值设置为 path.join()方法返回的拼接好的文件路径地址。其中，path.join()方法的第 1 个参数为__dirname 表示当前文件目录；第 2 个参数为用户设置的入口文件路径地址。output 属性的值为一个对象，其中，path 属性的值为出口文件的路径地址，filename 表示出口文件的名称。需要注意的是，output 属性可以自定义出口文件名称。

（2）为了让读者更清楚地看到重新生成的出口文件，需要将默认生成的 dist 文件目录删除，然后保存 webpack.config.js 文件，并在项目根目录下重新打包，执行命令如下。

```
npm run dev
```

（3）在 webpack_study 文件中重新生成了 dist 目录，在该目录下还生成了一个 bundle.js 文件，目录结构如图 7-4 所示。

在图 7-4 中，重新将 src 目录下的 index.js 文件成功打包成为 dist 目录下的 bundle.js 文件。

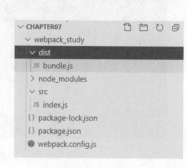

图 7-4　目录结构

7.1.4　使用 Webpack 实现列表隔行换色效果

在网页开发中，列表隔行换色是常见的页面效果。利用 Webpack 中 jQuery 插件可以非常方便地来实现此效果。

为了让读者更好地理解如何使用 Webpack 实现列表隔行换色效果，下面通过例 7-2 进行讲解。

【例 7-2】

（1）在 webpack_study 目录中，安装 jQuery 插件，执行命令如下。

```
npm install jquery -S
```

（2）打开 index.js 文件，添加代码，编写如下代码。

```
1  import $ from 'jquery';
2  $(function() {
3    $('li:odd').css('backgroundColor', 'lightgreen');
4    $('li:even').css('backgroundColor', 'lightblue');
5  });
```

上述代码中，第 1 行代码使用 ES6 模块化语法导入 $ 对象；第 3 行代码使用 $('li:odd') 获取到偶数行的 li 元素，并调用 css() 方法实现浅绿色效果；第 4 行代码获取到奇数行的 li 元素，并实现浅蓝色效果。

（3）在 webpack_study 目录中，打开命令行工具，执行命令如下。

```
npm run dev
```

上述命令执行后，会将 index.js 文件打包成为最新的 bundle.js 文件。

（4）在 webpack_study 目录中，新建 src 目录，在该目录中新建 index.html 文件，编写如下代码。

```
1   <!DOCTYPE html>
2   <html>
3   <head>
4     <meta charset="UTF-8" />
5     <title>Document</title>
6     <script src="../dist/bundle.js"></script>
7   </head>
8   <body>
9     <ul>
10      <li>列表 1</li>
11      <li>列表 2</li>
12      <li>列表 3</li>
```

```
13        <li>列表 4</li>
14    </ul>
15 </body>
16 </html>
```

上述代码中，第 6 行代码引入 dist 目录下重新打包好后的 bundle.js 文件；第 9～14 行代码定义了列表结构。

（5）在浏览器中打开 index.html，列表隔行换色效果如图 7-5 所示。

图 7-5　列表隔行换色效果

7.2　Webpack 自动打包

在项目开发的过程中，当修改了 index.js 文件后，只有将入口文件（index.js）重新手动打包成页面中引入的 bundle.js 文件，才能让修改后的功能生效，这样非常不方便。为了提高用户的体验，可以使用 webpack-dev-server 自动打包功能来替代手动打包。下面讲解 webpack-dev-server 的知识。

7.2.1　配置 webpack-dev-server

webpack-dev-server 是可以支持项目自动打包的工具，可以启动一个实时打包的 HTTP 服务器。为了让读者更好地理解 webpack-dev-server 自动打包的配置过程，下面通过例 7-3 进行讲解。

【例 7-3】

（1）打开 webpack_study 目录，安装 webpack-dev-server 插件，执行命令如下。

```
npm install webpack-dev-server@3.11.0 -D
```

（2）打开 webpack_study\package.json 文件，修改 scripts 选项中的 dev 命令，编写如下代码。

```
"dev": "webpack-dev-server"
```

（3）切换到 webpack_study 目录，执行命令如下。

```
npm run dev
```

上述命令执行后，在项目根目录下生成 bundle.js 文件，bundle.js 文件是 webpack-dev-server 插件自动生成的，它不会放到物理磁盘上，而是放到内存中，是一个虚拟的看不见的 bundle.js 文件。

（4）为了更清楚地看到自动打包效果，需要将手动生成的 dist 目录删除，并在 index.html 文件中，修改 script 脚本的引用路径为 "/bundle.js"，编写如下代码。

```
<script src="/bundle.js"></script>
```

上述代码引入根目录下的 bundle.js 文件，bundle.js 文件可以通过 localhost:8080/bundle.js 访问到代码。

（5）注释掉 index.js 中的代码，保存文件，在浏览器中访问 "http://localhost:8080/src"，运行结果如图 7-6 所示。

　　从图 7-6 可以看出，列表结构的隔行换色效果被
清除了，说明修改了 index.js 中的代码后，代码会被
自动重新打包。

7.2.2　配置 html-webpack-plugin

图 7-6　例 7-3 运行结果

html-webpack-plugin 插件用于生成预览的页面。
为了让读者更好地理解 html-webpack-plugin 的配置过程，下面通过例 7-4 进行讲解。

【例 7-4】

（1）在 webpack_study 目录中，安装 html-webpack-plugin 插件，执行命令如下。

```
npm install html-webpack-plugin -D
```

（2）打开 webpack.config.js 文件，在该文件头部区域添加代码，编写如下代码。

```
1  // 导入生成预览页面的插件，得到一个构造函数
2  const HtmlWebpackPlugin = require('html-webpack-plugin');
3  // 创建插件的实例对象
4  const htmlPlugin = new HtmlWebpackPlugin({
5    // 指定要用到的模板文件
6    template: './src/index.html',
7    // 指定生成的文件的名称，该文件存在于内存中，在目录中不显示
8    filename: 'index.html'
9  });
```

上述代码中，首先引入 html-webpack-plugin 插件。其次，实例化 HtmlWebpackPlugin() 构造函数，并赋值给 htmlPlugin 常量。

（3）在 module.exports 导出的配置对象中，添加 html-webpack-plugin 插件的配置信息，示例代码如下。

```
1  // plugins 数组是 webpack 打包期间会用到的一些插件列表
2  module.exports = {
3    // 在原有代码基础上添加如下代码
4    plugins: [ htmlPlugin ]
5  };
```

上述代码设置 plugins 的值为数组列表 [htmlPlugin]，表示当前只使用了 htmlPlugin 插件。

（4）打开 index.js 文件，去掉实现列表隔行换色效果的代码注释，保存文件，切换到 webpack_study 目录重新进行打包，执行命令如下。

```
npm run dev
```

（5）在浏览器中打开 "http://localhost:8080"，运行结果如图 7-7 所示。

（6）打开 package.json 文件，修改 scripts 选项中的 dev 命令，编写如下代码。

```
"dev": "webpack-dev-server --open --host 127.0.0.1 --port 3000"
```

上述代码中，--open 参数用于实现打包完成后自动打开浏览器页面功能；--host 参数用于配置 IP 地址 127.0.0.1；--port 参数用于配置端口号 3000。

（7）切换到 webpack_study 目录，使用 "npm run dev" 命令重新进行打包，运行结果如图 7–8 所示。

图 7–7　例 7-4 运行结果（1）

图 7–8　例 7-4 运行结果（2）

在图 7–8 中，在浏览器中自动生成了预览页面，并且端口号也被修改为 3000。

7.3　Webpack 中的加载器

在默认情况下，Webpack 能打包处理一些以.js 后缀名结尾的简单模块，而其他非.js 后缀名结尾的复杂模块是不能打包处理的，需要通过调用特定的加载器来打包处理相应文件模块，否则会报错。下面讲解 Webpack 中的加载器。

7.3.1　css-loader 和 style-loader 加载器

在 Webpack 中，需要同时使用 css-loader 和 style-loader 加载器来打包处理 CSS 文件。

为了让读者更好地理解 css-loader 和 style-loader 加载器的使用，下面通过例 7–5 进行讲解。

【例 7–5】

（1）在 src 目录中，新建 css 目录，在该目录下新建 index.css 文件，编写如下代码。

```
1  li {
2    list-style: none;
3  }
```

上述代码初始化 li 元素的默认样式。

（2）打开 index.js 文件，在该文件的头部区域添加代码，编写如下代码。

```
import './css/index.css';
```

上述代码引入当前目录下 css 目录中的 index.css 模块，并执行代码。

（3）保存文件后，运行结果如图 7–9 所示。

在图 7–9 中，li 元素的默认样式没有去掉，并且在控制台打印了提示错误的信息。报错是因为没有安装处理 CSS 文件的相关加载器。下面讲解 style-loader 和 css-loader 加载器的使用。

（4）切换到 webpack_study 目录，按 "Ctrl+C" 组合键退出当前服务器，安装打包处理 CSS 文件的 style-loader 和 css-loader 加载器，执行如下命令。

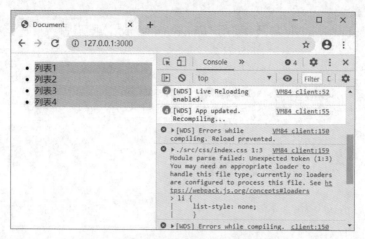

图 7-9　例 7-5 运行结果（1）

```
npm install style-loader css-loader -D
```

（5）打开 webpack_study 目录下的 webpack.config.js 文件，在配置对象中 plugins 属性的前面添加 module 属性，示例代码如下。

```
1 module: {
2   rules: [
3     {
4       test: /\.css$/,
5       use: ['style-loader', 'css-loader']
6     },
7   ]
8 },
```

上述代码中，module 属性的值为对象，用于设置所有第三方文件模块的匹配规则；rules 属性的值为数组列表，在 rules 数组列表中可以添加 loader 规则。rules 数组中的每一项分别代表不同的 loader 规则配置对象。其中，test 表示匹配的文件类型，如"/\.css$/"表示匹配文件名后缀为 .css 的文件；use 表示调用对应的 css-loader 和 style-loader 加载器。

需要注意的是，css-loader 加载器依赖于 style-loader 加载器，并且 use 数组中的 css-loader 加载器首先会被调用，然后将返回的结果交给 style-loader 加载器进行处理。use 数组中指定的加载器顺序是固定的，并且多个加载器的调用顺序是从后往前。

（6）保存文件后，使用"npm run dev"命令重新启动服务器，运行结果如图 7-10 所示。

从图 7-10 可以看出，li 元素的默认样式已经清除了，说明前面的步骤中已经成功打包处理了 index.css 文件。

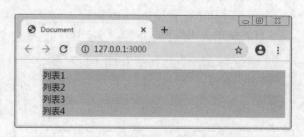

图 7-10　例 7-5 运行结果（2）

7.3.2　sass-loader 加载器

Sass（Syntactically Awesome Stylesheets）是一个成熟、稳定、功能强大的专业级 CSS 扩展语言。使用 Sass 语言和 Sass 的样式库（例如 Compass）有助于更好地组织管理样式文件，并更高效地开发项目。在 Webpack 中，sass-loader 加载器可以用于打包处理 Sass 文件。

为了让读者更好地理解 sass-loader 加载器的使用，下面通过例 7-6 进行讲解。

【例 7-6】

（1）在 css 目录中，新建 index.scss 文件，编写如下代码。

```
1  ul {
2    font-size: 12px;
3    li {
4      line-height: 30px;
5    }
6  }
```

上述代码中，设置字体大小为 12px；在 ul 中嵌套 li 元素，并设置行高为 30px。

（2）退出服务器，回到 webpack_study 目录，执行命令如下。

```
npm install sass-loader node-sass -D
```

上述代码中，安装处理 .scss 文件的 sass-loader 加载器和 node-sass 模块；node-sass 模块是 sass-loader 加载器的内置依赖项，当使用 sass-loader 加载器时必须同时安装 node-sass 模块。

（3）打开 webpack.config.js 文件，在 rules 数组列表中添加处理 index.scss 文件的 loader 规则，编写如下代码。

```
1  {
2    test: /\.scss$/,
3    use: ['style-loader', 'css-loader', 'sass-loader']
4  },
```

上述代码中，"/\.scss$/" 表示匹配文件名后缀为 .scss 的文件；use 表示调用对应的加载器；use 中的 sass-loader 加载器首先被调用，用于处理匹配到的 Sass 文件，然后将返回结果依次向前传递，直到结束。使用 sass-loader 加载器时需要依赖 css-loader 和 style-loader 加载器。

（4）打开 index.js 文件，在该文件的头部区域添加代码，编写如下代码。

```
import './css/index.scss';
```

上述代码中，引入了 index.scss 文件。

（5）保存文件后，使用 "npm run dev" 命令重新启动服务器，运行结果如图 7-11 所示。

从图 7-11 可以看出，li 元素的字体和行高被重新设置了，说明成功打包处理了 index.scss 文件。

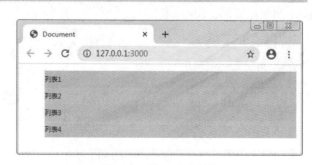

图 7-11　例 7-6 运行结果

7.3.3　less-loader 加载器

Less（Leaner Style Sheets）是一门 CSS 扩展语言，也称为 CSS 预处理器它是在现有 CSS 语法基础上，为 CSS 加入程序式语言的特性，且并没有减少 CSS 的功能。在 Webpack 中可以使用 less-loader 加载器来打包处理 Less 文件。

为了让读者更好地理解 less-loader 加载器的使用，下面通过例 7-7 进行讲解。

【例 7-7】

（1）在 css 目录中，新建 index.less 文件，编写如下代码。

```
1 body {
2   margin: 0;
3   padding: 0;
4   ul {
5     padding: 0;
6     margin: 0;
7   }
8 }
```

上述代码中，第 2～3 行代码代初始化 body 的外边距和内边距；第 4～7 行代码在 body 中嵌套 ul，并初始化 ul 的外边距和内边距。

（2）退出服务器，回到 webpack_study 目录，执行命令如下。

```
npm install less-loader less -D
```

上述代码中，安装处理.less 文件的 less-loader 加载器和 less 模块。其中，less 模块是 less-loader 加载器的内置依赖项，当使用 less-loader 加载器时必须同时安装 less 模块。

（3）打开 webpack.config.js 文件，在 rules 数组列表中添加处理.less 文件的 loader 规则，编写如下代码。

```
1 {
2   test: /\.less$/,
3   use: ['style-loader', 'css-loader', 'less-loader']
4 },
```

上述代码中，"/\.less$/" 表示匹配文件名后缀为.less 的文件。设置 use 数组列表中的最后一个元素为 less-loader 加载器，用于处理匹配到的.less 文件。其中，less-loader 加载器也依赖于 css-loader 和 style-loader 加载器。

（4）打开 index.js 文件，在该文件的头部区域添加代码，具体如下。

```
import './css/index.less';
```

上述代码中，引入了 index.less 文件。

（5）保存文件后，使用 "npm run dev" 命令重新启动服务器，运行结果如图 7-12 所示。

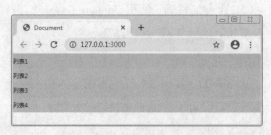

图 7-12　例 7-7 运行结果

从图 7-12 可以看出，已清除了元素的内边距和外边距，说明成功打包处理了 index.less 文件。

7.3.4　postcss-loader 加载器

PostCSS 是一个用 JavaScript 工具和插件转换 CSS 代码的工具，类似于 Babel 对 JavaScript 的处理。PostCSS 插件的功能具体如下。

- 使用下一代 CSS 语法。
- 自动补全浏览器的前缀。
- 自动把 px 单位转换成 rem。
- 压缩 CSS 代码。

autoprefixer 是一个后处理程序（插件），它与 postcss-loader 加载器一起配合使用，会自动为普通的 CSS 添加浏览器前缀，并且支持 W3C 最新的规范，使开发人员无须关心要为哪些浏览器添加前缀。

为了让读者更好地理解 postcss-loader 加载器和 autoprefixer 插件的使用，下面通过例 7-8 进行讲解。

【例 7-8】

（1）修改 index.html 中的<body>部分代码，编写如下代码。

```
1  <body>
2    <input type="text" placeholder="搜索"/>
3  </body>
```

上述代码中，第 2 行代码定义 input 输入框，并设置 input 输入框的 placeholder 属性的值为"搜索"，即占位文本。

（2）在 index.css 文件中，添加样式代码，编写如下代码。

```
1  ::placeholder{
2    color: red;
3  }
```

上述代码中，伪元素::placeholder 选择器用于选择一个表单元素的占位文本，并定义占位文本的字体颜色为红色。

（3）保存修改过的文件，运行结果如图 7-13 所示。

在图 7-13 中，在 Chome 浏览器中的"搜索"字体颜色显示为红色。

（4）在 IE 11 浏览器中打开"http://127.0.0.1:3000/index.html"，运行结果如图 7-14 所示。

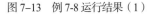

图 7-13　例 7-8 运行结果（1）

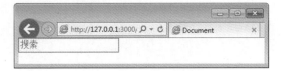

图 7-14　例 7-8 运行结果（2）

在图 7-14 中，IE 11 浏览器中的"搜索"字体颜色显示为灰色。

需要注意的是，::placeholder 选择器存在浏览器兼容性问题。当在 IE 11 浏览器中使用时，需要添加浏览器前缀才能生效。

（5）退出服务器，回到 webpack_study 目录，执行命令如下。

```
npm install postcss-loader@3.0.0 autoprefixer@9.4.6 -D
```

上述代码中，安装自动添加 CSS 的浏览器兼容性前缀的 postcss-loader 加载器和 autoprefixer 插件。

（6）在 webpack_study 目录中新建 postcss.config.js 文件，编写如下代码。

```
1  const autoprefixer = require('autoprefixer'); // 导入自动添加前缀的插件
2  module.exports = {
3    plugins: [ autoprefixer ]                    // 挂载插件
4  };
```

上述代码中，首先引入 autoprefixer 插件。其次，使用 module.exports 向外暴露一个配置对象。在配置对象中添加配置插件的 plugins 属性，设置属性的值为数组列表，并在数组列表挂载一个 autoprefixer 插件。

（7）打开 webpack.config.js 文件，修改处理 index.css 文件的 loader 规则，编写如下代码。

```
1  {
2    test: /\.css$/,
3    use: ['style-loader', 'css-loader', 'postcss-loader']
4  },
```

上述代码中，在 use 数组的最后添加一个 postcss-loader 加载器，用于自动为普通的 CSS 添加浏览器前缀。

（8）切换到 webpack_study 目录，使用"npm run dev"命令重新启动服务器，在 IE 11 浏览器中刷新页面，运行结果如图 7-15 所示。

图 7-15 中，IE 11 浏览器中的"搜索"字体颜色也显示为红色了。

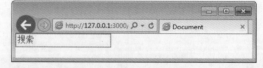

图 7-15 例 7-8 运行结果（3）

7.3.5 url-loader 加载器

url-loader 加载器用于打包处理 CSS 中与 URL 路径地址相关的图片和字体文件，并将图片和字体文件转换成为 base64 图片形式。

为了让读者更好地理解 url-loader 加载器的使用，下面通过例 7-9 进行讲解。

【例 7-9】

（1）修改 index.html 中\<body\>部分代码，编写如下代码。

```
1  <body>
2    <div id="box"></div>
3  </body>
```

上述代码中，第 2 行代码定义 id 值为 box 的 div 元素。

（2）打开 index.css 文件，添加样式代码，编写如下代码。

```
1  #box {
```

```
2    width: 580px;
3    height: 340px;
4    background: url('../images/1.jpg');
5  }
```

上述代码设置 id 值为 box 的 div 元素的背景图片为 webpack_study\src\images 目录下的 1.jpg 图片。

（3）退出服务器，回到 webpack_study 目录，执行命令如下。

```
npm install url-loader file-loader -D
```

上述代码中，安装处理图片和字体文件的 url-loader 和 file-loader 加载器。其中，file-loader 加载器是 url-loader 加载器的内置依赖项。

（4）打开 webpack.config.js 文件，添加处理图片和字体文件的 loader 规则，编写如下代码。

```
1  {
2    test: /\.jpg|png|gif|bmp|ttf|eot|svg|woff|woff2$/,
3    use: 'url-loader?limit=16940'
4  },
```

上述代码中，第 2 行代码 test 的值表示匹配不同格式的图片和字体文件；第 3 行代码的 url-loader 规则使用 "?" 符号与参数项 "limit=16940" 连接。其中，limit 参数用于指定图片的大小，单位是字节（byte）。只有图片小于 16940 字节时，才会被转为 base64 图片。

（5）保存文件后，使用 "npm run dev" 命令重新启动服务器，运行结果如图 7-16 所示。

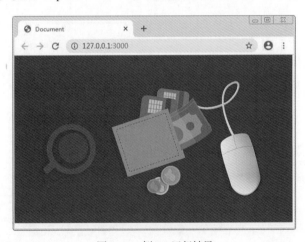

图 7-16　例 7-9 运行结果

从图 7-16 可以看出，页面中展示了 <div> 标签的背景图片，说明成功打包处理了 1.jpg 图片文件。

7.3.6　babel-loader 加载器

在项目开发过程中，当编写 JavaScript 代码时，有时候会使用 JavaScript 高级语法，这些高级语法存在兼容性问题，可以使用 babel-loader 加载器对 JavaScript 高级语法进行打包处理，例如 class 语法。

为了·让读者更好地理解 babel-loader 加载器的使用，下面通过例 7-10 进行讲解。

【例 7-10】

（1）在 index.js 中添加 JavaScript 高级语法，编写如下代码。

```
1  class Person {
2    static name = '张三'
3  };
4  console.log(Person.name);
```

上述代码使用 class 关键字创建 Person 类。在 Person 类中，使用 static 关键字定义静态属性 name，并打印 Person.name。

（2）保存文件后，运行结果如图 7-17 所示。

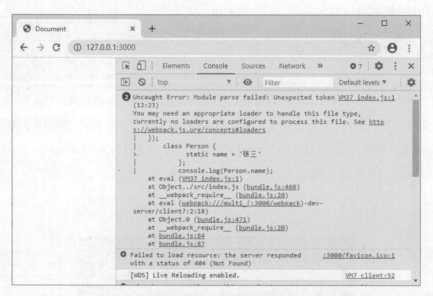

图 7-17 例 7-10 运行结果（1）

在图 7-17 中，控制台打印提示错误信息，报错是因为没有安装处理 JavaScript 高级语法的 babel-loader 加载器和插件。

（3）退出服务器，回到 webpack_study 目录，执行命令如下。

```
npm install babel-loader @babel/core @babel/runtime -D
```

上述代码中，安装了处理 JavaScript 高级语法的 babel-loader 加载器，并安装了与 babel-loader 加载器相关的@babel/core 编译器核心文件和@babel/runtime 运行时的环境核心文件。其中，@babel/runtime 包含 Babel 模块化运行时的帮助程序和版本库 regenerator-runtime。

（4）在项目根目录中，执行命令如下。

```
npm install @babel/preset-env @babel/plugin-transform-runtime @babel/plugin-proposal-
class-properties -D
```

上述代码安装了处理 JavaScript 高级语法的@babel/preset-env 智能预设、@babel/plugin-transform-runtime 和@babel/plugin-proposal-class-properties 相关插件。

@babel/preset-env 是一个智能预设，可让开发人员使用最新的 JavaScript，而无须微观管理目标环境所需的语法转换。

@babel/plugin-transform-runtime 是 Babel 转换器相关的插件。

@babel/plugin-proposal-class-properties 插件用于编译 class。

（5）在 webpack_study 目录中，新建 babel.config.js 文件，初始化 Babel 基本配置，编写如下代码。

```
1 module.exports = {
2   presets: [ '@babel/preset-env' ],
3   plugins:  [  '@babel/plugin-transform-runtime',  '@babel/plugin-proposal-class-
properties' ]
4 };
```

上述代码中，module.exports 向外暴露一个配置对象。配置对象中的 presets 属性的值为数组列表，并在数组中添加安装后的@babel/preset-env 智能预设；plugins 属性的值也是数组列表，并在数组中添加安装后的@babel/plugin-transform-runtime 和@babel/plugin-proposal-class-properties 相关插件。

（6）打开 webpack.config.js 文件，添加处理 JavaScript 高级语法的 loader 规则，编写如下代码。

```
1 {
2   test: /\.js$/,
3   use: 'babel-loader',
4   exclude: /node_modules/
5 },
```

上述代码中，"/\.js$/"表示匹配文件名后缀为.js 的文件；use 表示调用对应的 babel-loader 加载器；设置 exclude 属性的值为"/node_modules/"，表示 babel-loader 加载器不需要处理 node_modules 中的 JavaScript 文件。

（7）保存文件后，使用"npm run dev"命令重新启动服务器，运行结果如图 7-18 所示。

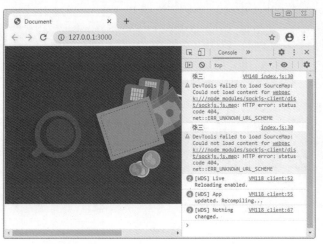

图 7-18　例 7-10 运行结果（2）

从图 7-18 中可以看到，在浏览器控制台中打印了两次"张三"。这是因为在 index.html 文件中已经手动引入过"bundle.js"。可以通过删除引入的"bundle.js"的代码来实现只打印一次的效果。

7.4　Vue.js 单文件组件

Vue.js 是一个前端开发中常用的框架，在 Vue.js 项目中会涉及到 Webpack 的使用。Vue.js 单文件组件可构成页面中独立的结构单元，用于减少重复代码的编写，降低代码之间的耦合程度，提高开发效率，使项目更易维护和管理。本节适合已经具备 Vue.js 基础的读者，主要讲解如何将 Vue.js 单文件组件与 Webpack 相结合。

7.4.1　Vue.js 单文件组件的基本使用

在学习 Vue.js 单文件组件的基本使用之前，首先来看一下传统组件中存在的问题，具体如下。

- 组件名称不能重复。全局定义的组件必须保证组件名称的唯一性。
- 字符串模板缺乏语法高亮。在 HTML 有多行的时候，需要用到不美观的"\"换行。
- 不支持 CSS。在传统组件中，CSS 的实现明显被遗漏。
- 不能使用预处理器（例如 Babel）。在传统组件中，只能使用 HTML 和 ES5 JavaScript 来实现组件化。

使用 Vue.js 单文件组件可以解决以上传统组件中存在的问题，下面讲解 Vue.js 单文件组件的基本使用。

Vue.js 单文件组件需要按照 Vue.js 的要求来定义组件，需要将文件的后缀名设为.vue，该文件中主要包括<template>、<script>和<style>区域。下面对 Vue 单文件组件的组成部分分别进行讲解。

<template>区域是组件的模板区域，示例代码如下。

```
<template>
 <!-- 这里用于定义 Vue 单文件组件的模板内容 -->
</template>
```

上述代码中，在<template>标签中书写 HTML 代码来实现页面的结构。

<script>区域是业务逻辑区域，示例代码如下。

```
<script>
 export default {
   // 私有数据
   data: function () {
    return {};
   },
   // 处理函数
   methods: {},
```

```
    // （... 其他业务逻辑）
  };
</script>
```

上述代码中，在<script>标签中书写业务逻辑代码。使用 export default 默认导出一个配置对象，配置对象中包括 data 私有数据、methods 方法和其他业务逻辑。其他业务逻辑包括生命周期函数和数据监听等。

<style>区域是样式区域，示例代码如下。

```
<style scoped>
  /* 这里用于定义组件的样式 */
</style>
```

上述代码中，在<style>标签中书写 CSS 代码。scoped 属性可以防止组件之间样式冲突的问题出现。

7.4.2　配置 vue-loader 加载器

vue-loader 加载器用于解析和转换文件名后缀是.vue 的文件，它可以提取出.vue 文件中的 Java-Script 逻辑代码、CSS 样式代码、HTML 结构代码，并将它们分别交给对应的加载器进行处理。

为了让读者更好地理解 vue-loader 加载器的使用，下面通过例 7-11 进行讲解。

【例 7-11】

（1）在 src 目录中，新建 components 目录，在该目录中新建 App.vue 文件，编写如下代码。

```
1  <template>
2    <div>
3      <h1>这是 App 根组件</h1>
4    </div>
5  </template>
6  <script>
7    export default {
8      data() {
9        return {};
10     },
11     methods: {}
12   };
13 </script>
14 <style scoped>
15   h1 {
16     color: red;
17   }
18 </style>
```

上述代码中，第 1~5 行代码定义模板结构；第 8~10 行代码定义 data 私有数据；第 14~18 行代码定义页面中 h1 标题字体颜色为红色。

（2）退出服务器，回到 webpack_study 目录，执行命令如下。

```
npm install vue-loader vue-template-compiler -D
```

上述命令中，安装处理.vue 文件的 vue-loader 加载器和 vue-template-compiler 模块。其中，vue-template-compiler 模块是 vue-loader 加载器的内置依赖项，当使用 vue-loader 加载器时必须同时安装 vue-template-compiler 模块。

（3）打开 webpack.config.js 文件，在 webpack.config.js 文件头部区域引入 "vue-loader/lib/plugin" 插件，编写如下代码。

```
const VueLoaderPlugin = require('vue-loader/lib/plugin');
```

上述代码中，通过 require()方法引入 "vue-loader/lib/plugin" 插件，并赋值给 VueLoaderPlugin 常量。在使用 vue-loader 加载器时，需要引入 "vue-loader/lib/plugin" 插件，它会将 "/\.css$/" "/ \.js$/" 的 loader 规则分别应用到.vue 单文件组件里的 CSS、JavaScript 代码块。例如，"vue-loader/lib/plugin" 插件会将匹配 "/\.js$/" 的 loader 规则应用到 .vue 单文件组件里的 JavaScript 代码块中。

（4）在使用 module.exports 导出的配置对象中修改 plugins 插件的配置信息，编写如下代码。

```
plugins: [ htmlPlugin, new VueLoaderPlugin() ]
```

上述代码中，在 plugins 数组列表中添加了一个 new VueLoaderPlugin()实例化插件对象，表示使用该插件对象。关于如何使用 htmlPlugin 插件可以查看 7.2.2 小节讲解的内容。

（5）添加处理.vue 文件的 loader 规则，编写如下代码。

```
1  {
2    test: /\.vue$/,
3    loader: 'vue-loader'
4  },
```

上述代码中，"/\.vue$/" 表示匹配文件名后缀为.vue 的文件；loader 表示调用对应的 vue-loader 加载器。

（6）在 webpack_study 目录下安装 vue 依赖，执行命令如下。

```
npm install vue -S
```

上述代码中，"-S" 表示运行时依赖。

（7）修改 index.js 文件，编写如下代码。

```
1  import Vue from 'vue';
2  import App from './components/App.vue';
3  // 创建 vm 实例对象
4  const vm = new Vue({
5    el: '#app',
6    // 通过 render 函数，把指定的组件渲染到 el 区域中
7    render: h => h(App);
8  });
```

上述代码中，第 1 行代码导入 Vue 构造函数；第 2 行代码导入当前目录下的 components 文件中的 App.vue 模块；第 5 行代码设置 el 属性的值为#app，表示控制 id 值为 app 的页面区域。

（8）修改 index.html 文件中<body>部分的代码，编写如下代码。

```
1  <body>
2    <!-- 将来要被 vue 控制的区域 -->
```

```
3    <div id="app"></div>
4  </body>
```

至此，完成了 vue-loader 加载器的配置，并将 App.vue 单文件组件挂载到了 id 值为 app 的
<div>根标签中。

7.4.3　Webpack 打包发布

在项目中配置 vue-loader 加载器后，项目就可以发布上线了。项目上线之前需要通过 Webpack
将应用进行整体打包。下面讲解 Webpack 打包发布的配置过程。

（1）打开 package.json 文件，修改 scripts 节点，编写如下代码。

```
1  "scripts": {
2    "test": "echo \"Error: no test specified\" && exit 1",
3    "dev": "webpack-dev-server --open --host 127.0.0.1 --port 3000",
4    "build": "webpack -p"
5  },
```

上述代码设置 build 的值为"webpack -p"，用于打包发布的命令。其中，-p 是打包发布命
令中的相关参数，表示压缩。Webpack 打包发布时会默认加载项目根目录中的 webpack.config.js
配置文件。

（2）保存文件后切换到 webpack_study 目录下，打开命令行工具，执行命令如下。

```
npm run build
```

（3）命令执行后，在 webpack_study 目录下会自动生成 dist 目录，如图 7-19 所示。

在图 7-19 中，在 dist 目录中打包生成了 index.html 文件和 bundle.js 文件。

（4）在浏览器中打开 C:\code\chapter07\webpack_study\dist\index.html，运行结果如图 7-20 所示。

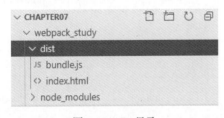

图 7-19　dist 目录

图 7-20　运行结果

本章小结

本章主要讲解了什么是 Webpack、Webpack 自动打包、Webpack 中的加载器和 Vue.js 单文件
组件的基本使用。通过本章的学习，读者应对 Webpack 有一个整体的认识，能够掌握 Webpack
的基本使用和 Webpack 中加载器的使用。

课后练习

一、填空题

1. 使用 less 和_____来打包处理后缀名为.less 的文件。

2. 使用 node-sass 和_____来打包处理后缀名为.scss 的文件。

3. 使用_____能够实现项目的自动打包功能。

4. 在 Webpack 中，需要同时使用 css-loader 和_____加载器来打包处理 CSS 文件。

5. 在 Webpack 中，使用_____插件来生成预览的页面。

二、判断题

1. Webpack 是一个前端项目构建工具。（　　　）

2. Webpack 默认入口和出口文件配置是可以手动修改的。（　　　）

3. 模块默认导入是指在当前模块引入其他模块中默认导出的模块。（　　　）

4. url-loader 可将图片和字体文件转换为 base64 图片形式。（　　　）

5. 在默认的情况下，Webpack 能打包处理一些以.js 后缀名结尾的简单模块。（　　　）

三、选择题

1. 下列选项中，属于打包处理 JavaScript 高级语法的加载器是（　　　）。

A. css-loader　　　　　　B. babel-loader　　　　　C. style-loader　　　　　D. sass-loader

2. 下列选项中，属于 sass-loader 加载器内置依赖项的是（　　　）。

A. vue-template-compiler　B. file-loader　　　　　C. less　　　　　　　D. node-sass

3. 下列选项中，属于 less-loader 加载器内置依赖项的是（　　　）。

A. vue-template-compiler　B. file-loader　　　　　C. less　　　　　　　D. node-sass

4. 下列选项中，用于打包处理 Vue.js 单文件组件的加载器是（　　　）。

A. less-loader　　　　　　B. vue-loader　　　　　C. url-loader　　　　　D. file-loader

5. 下列选项中，用于实现 Vue.js 单文件组件中模板结构的是（　　　）。

A. <template>　　　　　　B. <style>　　　　　　C. <script>　　　　　D. <div>

四、简答题

请简述什么是 Webpack。

第 **8** 章

项目实战——博客管理系统

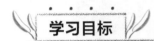
★ 了解博客管理系统运行环境，能够实现项目环境的搭建

★ 掌握后台登录、用户管理、文章管理和文章列表页面的开发

★ 掌握 Express 框架、MongoDB 数据库和模板引擎在项目开发中的应用

拓展阅读

通过前面的内容，已学习了 Express 框架的相关知识。在本章中需要运用 Express 框架来开发"博客管理系统"项目。在开发项目之前，需要完成项目环境的搭建，同时需要使用模板引擎完成程序和模板的分离。项目环境搭建完成后，使用 Express 框架来完成项目的开发。由于篇幅有限，本章仅对项目的基本功能进行简要介绍，并在配套源代码包中提供了详细的开发文档和完整项目源代码，推荐读者通过开发文档进行学习。

8.1 项目展示

Express 框架可以开发各种不同类型的项目，博客管理系统（Blog Management System）就是一个比较典型的项目。许多热爱分享技术的程序员都在建立自己的博客，用于发表一些技术文章。

本项目是一个博客管理系统，主要完成用户登录、用户管理、文章管理、文章列表页面、文章详情页面，以及评论管理等功能。用户登录页面效果如图 8-1 所示。

图 8-1　用户登录页面效果

在图 8-1 中输入邮箱和密码，登录成功后，进入用户管理页面，如图 8-2 所示。

图 8-2　用户管理页面

单击图 8-2 中的"新增用户"按钮，进入新增用户页面，如图 8-3 所示。

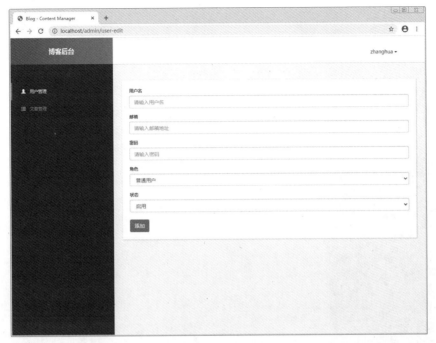

图 8-3　新增用户页面

单击图 8-2 中的 "✏" 修改按钮，进入用户信息编辑页面，如图 8-4 所示。

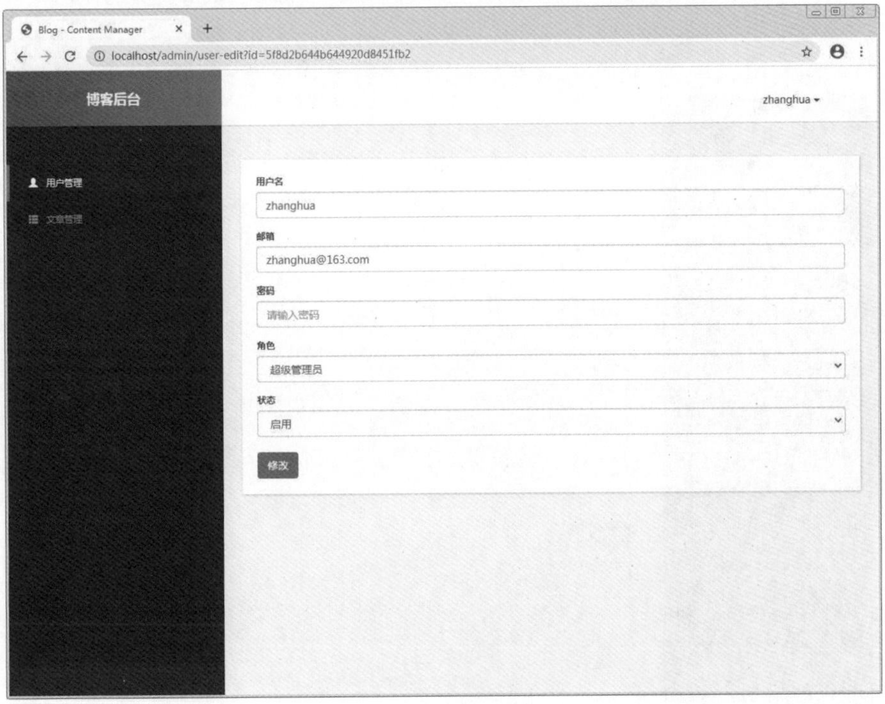

图 8-4　用户信息编辑页面

单击图 8-2 中的 "文章管理" 选项，进入文章管理页面，如图 8-5 所示。

图 8-5　文章管理页面

单击图 8-5 中的"发布新文章"按钮，进入发布新文章页面，如图 8-6 所示。

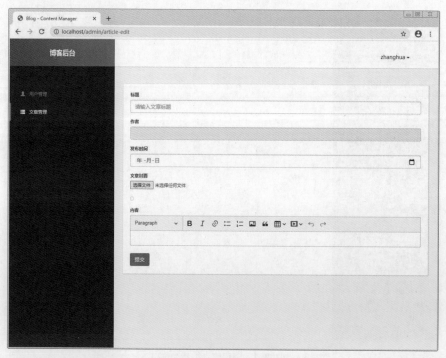

图 8-6　发布新文章页面

博客前台的文章列表页面的效果，如图 8-7 所示。

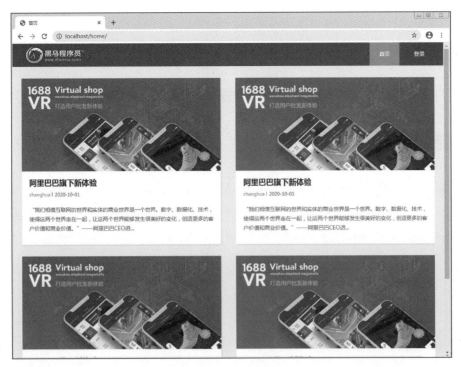

图 8-7　文章列表页面

8.2　功能介绍

本项目分为后台和前台两大模块，其中，后台功能主要包括用户管理、文章管理、评论管理等功能；前台功能主要包括文章列表、文章详情、评论管理等功能。

本项目后台的具体功能如下。

（1）用户管理：包括用户登录、用户退出和管理用户的功能。用户登录时填写邮箱、密码，单击"登录"按钮，即可进行登录。登录成功后会进入到后台首页，后台管理员可以进行用户添加和删除等操作。

（2）文章管理：文章管理模块包括对文章的添加、修改和删除等功能，添加文章时需要支持文件上传功能，文章列表页应实现分页和检索功能，并可根据文章标题和分类等条件筛选文章。在文章管理模块中，普通用户只能对自己的文章进行管理，管理员可以对所有用户的文章进行管理。

（3）评论管理：主要包括评论列表和删除评论等功能。

本项目前台的具体功能如下。

（1）文章列表：文章列表主要用于展示文章的标题和文章部分内容。

（2）文章详情：展示文章的详细信息，进入文章详细页有多个入口，分别是列表页和列表页右侧的最新博文模块。

（3）评论功能：用户可以对文章发表评论并展示当前文章相关的评论列表。用户发表评论需要验证是否登录，只有登录后才可以发表评论。

▐▌▌ 小提示：

　　读者可以参考本书配套源代码包中提供的开发文档学习本项目的功能开发流程。

本章小结

　　本章讲解了博客管理系统的功能模块和页面展示。通过对本章的学习，希望读者掌握博客系统的功能开发，理解框架在开发中的作用，能够根据实际需要对项目中的功能进行修改和扩展。